产品外观结构设计与实践

主　编　王丽霞　李杨青

副主编　葛　庆　周　楠　钱慧娜

ZHEJIANG UNIVERSITY PRESS
浙江大学出版社

图书在版编目(CIP)数据

产品外观结构设计与实践 / 王丽霞，李杨青主编. —杭州：浙江大学出版社，2015.6（2024.1重印）

ISBN 978-7-308-14745-3

Ⅰ.①产… Ⅱ.①王… ②李… Ⅲ.①产品设计—外观设计—结构设计 Ⅳ.①TB472

中国版本图书馆 CIP 数据核字（2015）第 116024 号

产品外观结构设计与实践

王丽霞　李杨青　主编

责任编辑　吴昌雷
封面设计　刘依群
责任校对　王　波
出版发行　浙江大学出版社
（杭州市天目山路 148 号　邮政编码 310007）
（网址：http://www.zjupress.com）
排　　版　杭州林智广告有限公司
印　　刷　广东虎彩云印刷有限公司绍兴分公司
开　　本　787mm×1092mm　1/16
印　　张　10.5
字　　数　212 千
版 印 次　2015 年 6 月第 1 版　2024 年 1 月第 6 次印刷
书　　号　ISBN 978-7-308-14745-3
定　　价　28.00 元

浙江大学出版社市场运营中心联系方式：(0571) 88925591；http://zjdxcbs.tmall.com

前　言

目前,我国正在从制造大国向创造大国转型,文化创意产业是在全球经济发展和产业结构调整升级的背景中发展起来的新兴“智慧产业”,工业设计是这一新兴产业中的主力军。全国各级政府高度重视工业设计,出台大量政策和措施,鼓励工业设计行业的发展。工业设计是具有高科技含量的生产型服务业,是综合运用科技、艺术和经济等知识对工业产品的外观、功能、结构、包装和品牌进行提升和优化的集成创新活动。工业设计的核心工作是新产品开发,一件新产品从无到有的过程按时间阶段划分,可以分为五个阶段:第一阶段是前期调研、产品创意、功能设计和产品的内部结构设计;第二阶段是设计产品的外观形状;第三阶段是产品外观结构设计;第四阶段是首版或样机制作;第五阶段是产品制作、上市。产品外观结构设计是整个产品设计中不可或缺的重要部分。本教材主要介绍产品外观结构设计的相关内容。

本书是杭州职业技术学院工业设计专业项目组多年研究的成果,是多年经验的累积,以及大量同行的研究成果。项目组认为产品外观结构设计主要包括产品外观零件的结构工艺设计和各零件之间的连接和装配工艺设计。教程分两部分:设计相关理论基础知识部分和实际实践训练项目部分,共五章和三个项目。教程由王丽霞和李杨青任主编,葛庆、周楠和钱慧娜任副主编。教程配有部分项目的三维数据源文件及三维建模的视频过程录像(扫描下面二维码下载)。教程实训项目的讲解有的细致有的粗略,有助于读者技能的螺旋式提升。

由于项目研究仍在进行中,并仍将长期进行下去,不断地完善研究成果,因此,教程中不免存在不足和偏颇之处。出版此教程旨在抛砖引玉,希望广大读者提出宝贵建议,以完善此项研究,为工业设计从业者提供更多更好的帮助。

另外,在此要特别感谢从中得到资源、启发和帮助的作品的企业和专家,他们的工作给本教程提供了大量的宝贵资料。

编者

本书配套材料

目 录
CONTENTS

第二部分 实训部分

绪　论

结构是指产品各组成元素之间的连接方式和各元素本身的几何构成形式。结构设计就是确定连接方式和构成形式。结构设计的基本要求是用简洁的形状、合适的材料、精巧的连接、合理的元素布局实现产品的功能。

设计产品外观结构时应遵循下列设计原则。

1. 实现预期功能的设计原则

产品结构设计的主要目的是：保证功能的实现，使产品达到要求的性能。设计产品结构时，应根据具体情况，确定参数尺寸和结构形状，以保证有关零件或部件之间的相对位置或运动轨迹等。各部分结构之间应具有合理、协调的连接关系，以实现产品预期的功能要求。

2. 满足强度要求的设计原则

为了产品能在使用期限内正常地实现功能，并保证其寿命，必须使其具有足够的强度。

3. 考虑结构工艺性的设计原则

零件的结构工艺性是指在保证零件使用性能的前提下，制造该零件的可行性和经济性。所谓好的结构工艺性是指产品的结构易于加工制造。在结构设计中应力求使产品具有良好的加工工艺性。因此，设计者必须熟悉各种加工方法的特点，以便在设计结构时尽可能地扬长避短。实际生产中，产品结构工艺性受到诸多因素的制约，如生产批量的大小、生产条件等。此外，造型、精度、成本等方面都影响产品结构的工艺性。因此，结构设计中应充分考虑上述因素对工艺性的影响。

4. 考虑装配工艺的设计原则

(1) 防止装配错误。设计结构时应考虑装配工艺问题，防止装配错误。如图 0-1 所示的轴承座用两个销钉定位。图 0-1(a)中两销钉反向布置，且到螺栓孔的距离相等，装配时很可能将支座旋转 180°安装，导致座孔中心线与轴的中心线位置偏差增大。因此，应将两定位销布置在同一侧，或使两定位销到螺栓的距离不等。如图 0-1(b)所示。

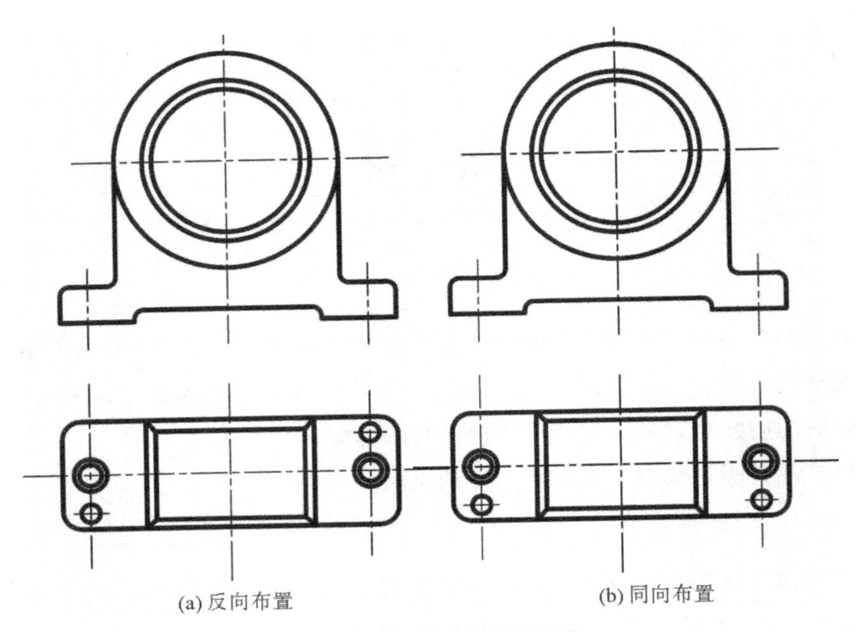

图 0-1　防止装配错误的结构

(2) 便于装卸。结构设计中,应保证有足够的装配空间,如扳手运动空间。避免过长配合增加的装配难度,如为防止配合面擦伤的阶梯轴的设计。为便于拆卸零件,应给出安放拆卸工具的位置,如为了便于轴承的拆卸,轴承内圈的高度应大于轴肩的高度。如图 0-2 所示。

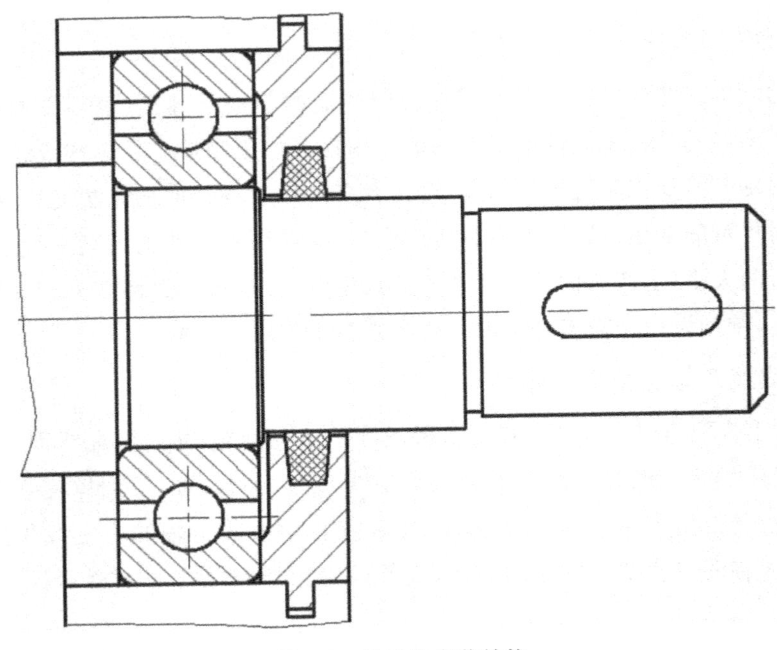

图 0-2　轴承的安装结构

（3）保证装配精度。为了保证装配精度，在同一方向上两个零件只能有一个面接触。如图0-3所示。

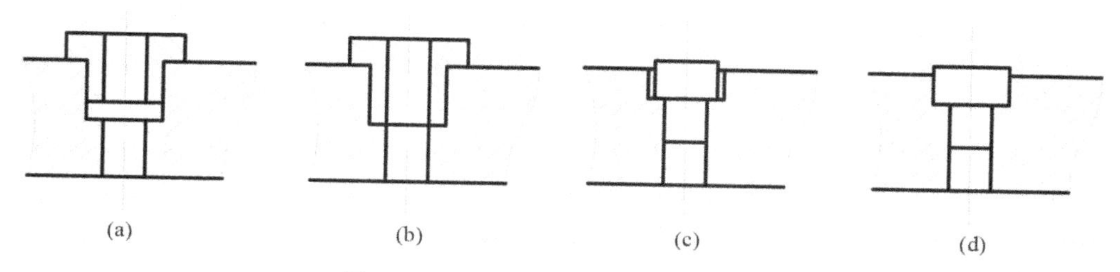

图0-3　同一方向上只能有一个面接触
(a)(c)合理　(b)(d)不合理

5. 贯彻标准化、统一化的设计原则

产品结构设计中贯彻标准化是重要条件之一。贯彻标准化、统一化原则应注意下列几个方面：

（1）结构中最大限度地采用标准件。

（2）确定产品结构的各种参数时，应最大限度地采用相应的标准值和优先数据系列的规定值。

（3）尽量统一结构中相近零件的材料牌号、标准件的品种、规格、型号尺寸系列。

总之，结构设计的过程是从内到外、从重要到次要、从局部到总体、从粗略到精细，权衡利弊，反复检查，逐步改进和完善的过程。

第一部分

基础基础

第1章　连接结构

连接结构是产品设计中一个重要的问题。构成产品的各个功能部件需要以各种方式连接固定在一起组成整体，以完成产品的设计功能。满足外观造型设计的产品外壳，通常是由底盖、主体框架等部件组成，需要连接固定形成一个整体。如图1-1所示的取样器就是由手柄、支架和底座等元件通过连接组成的。

图1-1　取样器

1.1　概述

1.1.1　连接结构的功能

1. 方便制造

对于一个结构复杂的产品，很难制成一体，须分别制成分开的零件和组件，然后通过连接形成一个完整的复杂产品。

2. 便于维修

由多个零件连接组成的产品，维修时可以更换和维修部分元件，不仅操作简便，更能减少浪费。

1.1.2　连接结构的种类

按照不同的连接原理，连接可以分为机械连接、粘接和焊接三种连接方式。

按照结构的功能连接结构可以划分为：

1. 不可拆的固定连接结构

不可拆的固定连接的目的是使被连接部件形成一个功能整体，如果拆卸将破坏所连接的元件。常用形式包括铆接、卡扣连接、焊接和粘接等。

2. 可拆的固定连接结构

可拆的固定连接的目的是将被连接件按设计位置固定、组合在一起，并为了方便维修或储存又可拆开。常见形式包括螺纹连接、销连接、卡扣连接、弹性连接及过盈连接等。

3. 活动连接结构

活动连接的目的是将被连接件组合在一起构成一个功能体，被连接部件间按设定的运动规律、在一定范围内做相对运动。按相对运动的形式又可分为转动连接、移动连接和柔性连接等。

1.1.3 连接结构的设计要求

连接结构的基本要求是：连接可靠、工作稳定、简单、耐久及便于加工制造和装配。

对可拆固定连接结构，通常拆卸时要保护被连接的主体部件，损坏连接件。对经常拆卸的固定连接结构，应考虑拆卸方便、快速，不损坏连接的主体部件和连接件。

对活动连接，主要考虑工作稳定性和使用寿命。

1.2 固定连接结构

1.2.1 不可拆卸的固定连接结构

某些产品设计上只需考虑产品出厂时的组装，不需考虑使用过程的拆装问题。如一次性产品和不需拆卸维修的产品，如图 1-2 所示的电源适配器类产品。

图 1-2 电源适配器

1. 固定铆接结构

使用铆钉(图 1-3)连接两件或两件以上的工件叫铆接。

图 1-3 铆钉

固定铆接是在被连接件上加工适当的孔,穿上铆钉,将铆钉通过敲击、挤压等外力变形、压紧端面,从而将被连接件固定在一起的连接方法,如图 1-4所示。铆接既可用于金属件连接,也可用于非金属件连接。被连接的零件一般为薄板金属件。

(1) 金属铆接结构。铆接工艺简单、成本较低、抗振、耐冲击、可靠性高。在承受剧烈冲击载荷的构件上或要求热变形小的部位上可采用铆接连接方式。如图 1-5 所示的锅体与手柄就是采用了金属铆接。

铆接设计时主要考虑铆钉的选择、铆钉孔的排列尺寸及铆接工艺等。金属铆钉是系列化生产的标准零件,选择时可参阅有关设计手册确定。

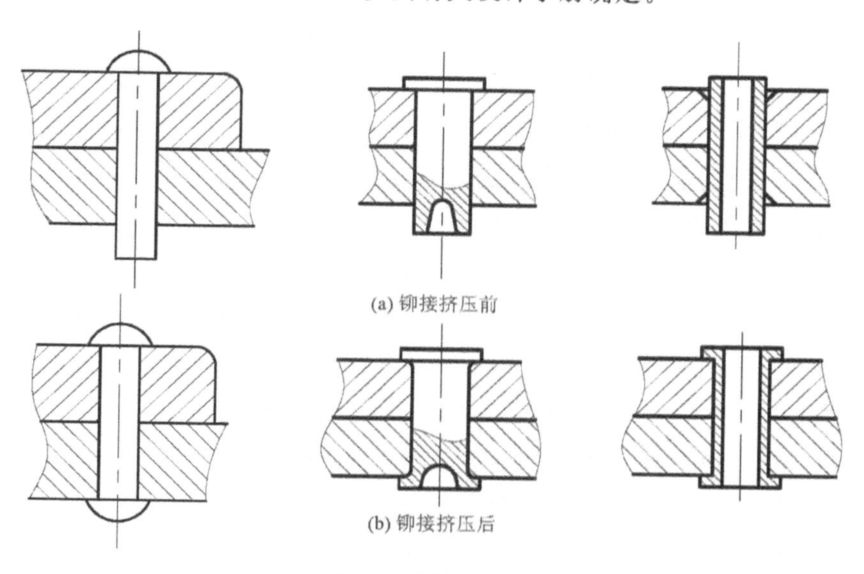

图 1-4 铆接示意图

图 1-5 锅

（2）塑料铆接结构。塑料热铆接用来连接不同材质的零件，连接热固性塑料与热熔性塑料零件，或塑料零件与金属零件。塑料铆接的形式有：埋头铆接（$2<D<5$）、半圆型（$1<D<5$）、基本型（$D>2$）、低矮型（$D>2$）、中空型（$D>3$）等。如图1-6所示。其中，圆形铆柱一般用于固定平板，可实现多种锁合紧固设计。当铆柱直径大于3mm时，由于实芯铆柱在注塑件正面冷却时易产生凹陷现象，从而需要根据不同的塑料材质相应地延长加工处理时间。因此，在需要更高紧固强度的场合，通常使用空芯铆柱，空管的壁厚介于0.75～2.0mm。在多数应用场合，一般使用壁厚为1.25 mm的空管。

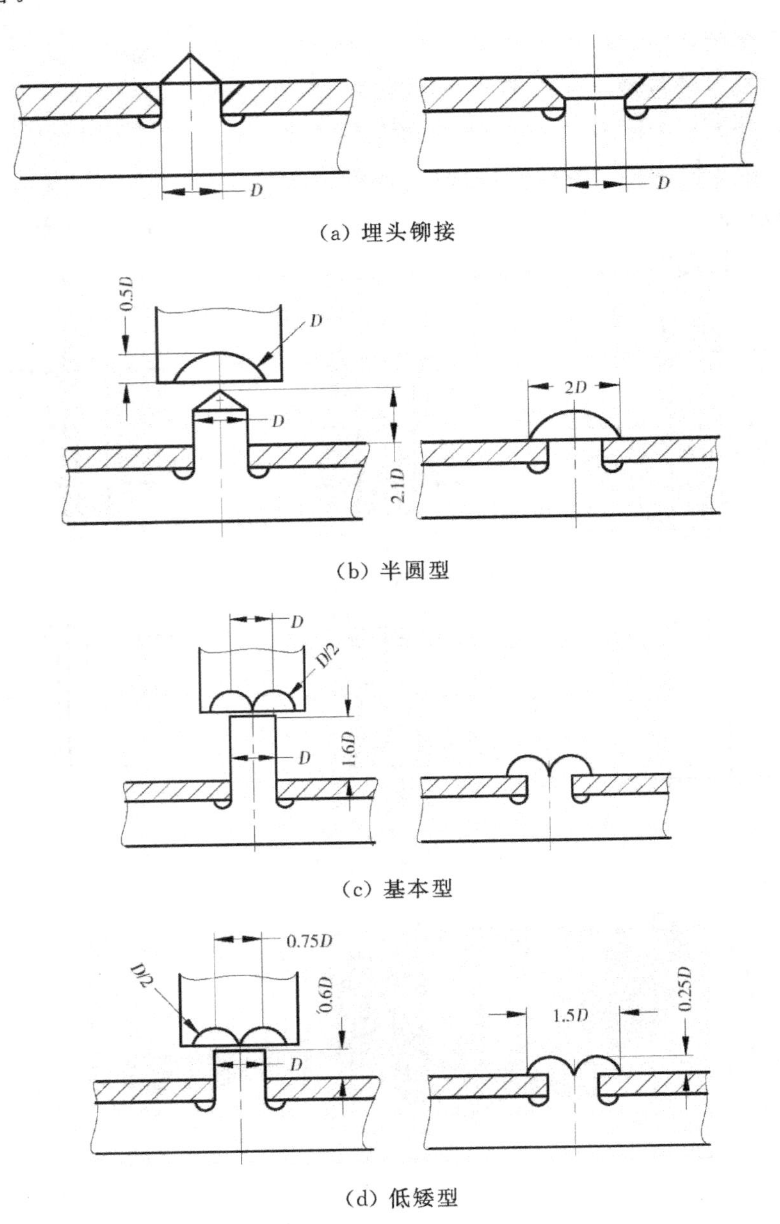

(a) 埋头铆接

(b) 半圆型

(c) 基本型

(d) 低矮型

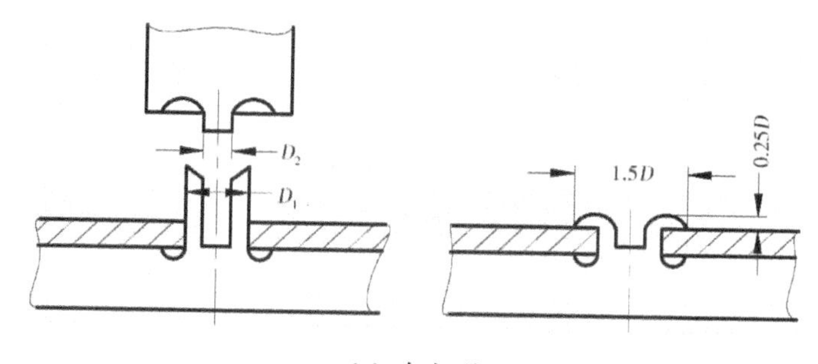

(e) 中空型

图 1-6　塑料铆接

2. 粘接结构

(1) 粘接结构的特点。粘接是用黏合剂将被连接件表面连接在一起的过程。粘接与其他连接方式比较，有以下特点：

① 应力分布均匀，可提高接头抗疲劳强度和使用寿命，提高构件动态性能。

② 粘接面以面承受载荷，总的机械强度比较高。

③ 结构重量轻，粘接表面平整光滑。

④ 具有密封、绝缘、隔热、防潮、减震的功能。

⑤ 可连接各种相同或不同的材料。

⑥ 工艺简单、生产效率高。

⑦ 耐高、低温性较差，有老化问题。

(2) 黏合剂的种类。粘接广泛用于电器、仪表、小家电及玩具等产品结构中。高强度黏合剂的发展拓展了粘接的应用范围，在连接强度要求高的结构中，可将粘接与焊接、铆接组合使用。

粘接使用的黏合剂种类繁多、性能各异，适合不同要求。常用黏合剂有环氧树脂黏合剂等。

环氧树脂胶黏合剂应用非常普及，具有胶接强度高、收缩率小、耐介质、绝缘性好、配制简单、使用方便及使用温度范围广(－60～200℃)等优点。但脆性较大，耐热性较差。主要用于金属、塑料、陶瓷的粘接。

用特殊硅橡胶材料为基础材料制成的有机硅粘接密封胶，它的显著特点是：具有更优的耐温性，可在－60～315℃范围内长期使用，除具有卓越的耐高温性，还有粘接性好、防潮、抗震、耐电晕、抗漏电和耐老化性能，广泛用于耐温要求高的场合的粘接和密封。如图1-7所示的蒸气熨斗的水箱就是采用粘接方式固定密封的。

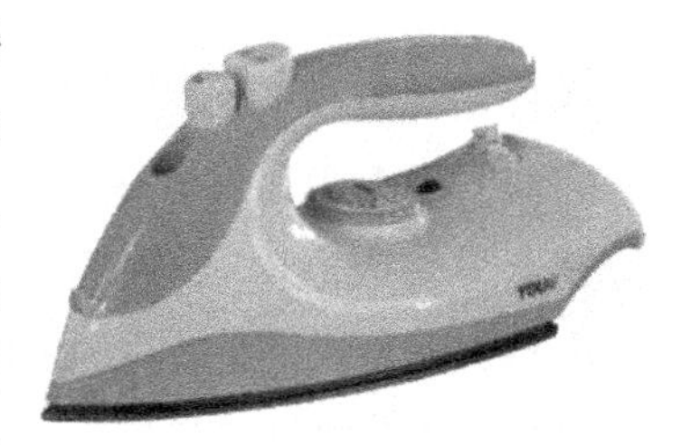

图 1-7　采用粘接密封的蒸气熨斗

(3) 粘接结构的接头形式。粘接结构的接头形式有对接、搭接、斜接等多种形式，如图 1-8 所示。

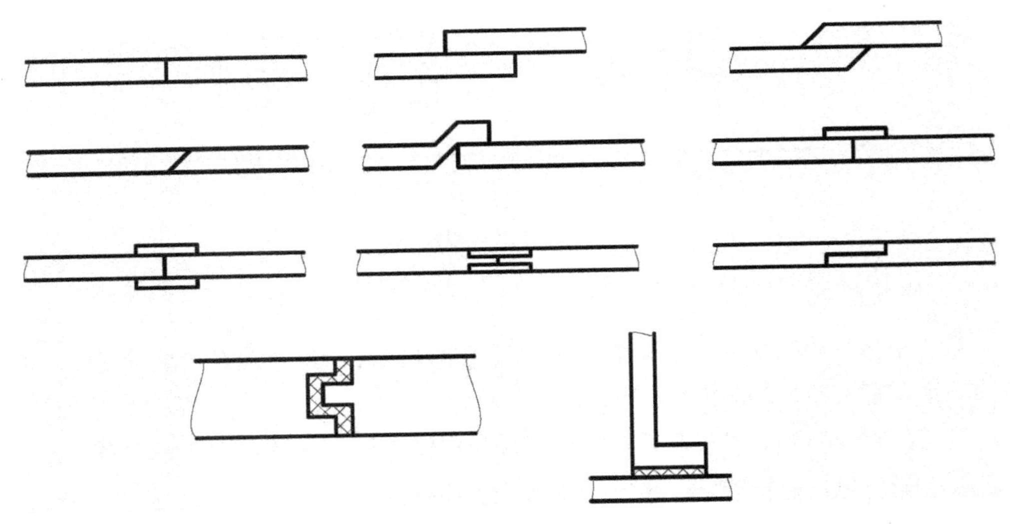

图 1-8 粘接的接头形式

(4) 应注意的问题。粘接的工艺过程比较简单，但为获得理想的粘接效果，还应注意以下几点：

① 增大粘接面积，提高接头抗冲击、抗剥离能力是设计粘接接头的原则。因此，搭接等是较好的胶接接头形式。

② 材料的胶接表面状况对胶接质量有直接影响，胶接前需要对材料进行表面处理，其主要工序包括：清洗除油和除锈；喷砂或机械加工，使胶接面具有一定的粗糙度；化学处理形成活性易胶接表面等。

③ 选择黏合剂品种时需考虑粘接件材料的种类和性质(金属或非金属、刚性或柔性等)、接头使用环境(受力状况、温度、湿度、介质等)、允许的胶接工艺条件(固化温度、压力等)，以及胶黏剂的价格。

3. 超声波焊接结构

采用超声波焊接时，两结合面接头形状的设计对于获得良好的连接效果起着重要的作用。其接头形式通常设计成以下几种：

(1) 平齐式。此种接头需要很长的焊接时间和很大的焊接能量，而且焊完后周边还会有熔胶溢出，影响产品外观，不适合用来做超声焊接。如图 1-9(a)所示。

(2) 三角式。在结合面上做一条三角形的小骨(被称为能量导向器，也叫超声线)，这样会减少焊接能量和时间，但是仍然会有小部分溢料出现，影响外观。如图1-9(b)所示。

(3) 止口式。为了防止溢胶影响外观，将超声线做在止口内，防止塑胶熔体溢出。如图 1-9(c)所示。

(4) 阶梯型式。该接头形式比止口式防溢胶效果更好。如图 1-9(d)所示。
(5) 榫槽式。该结构可防止内外烧化。如图 1-9(e)所示。

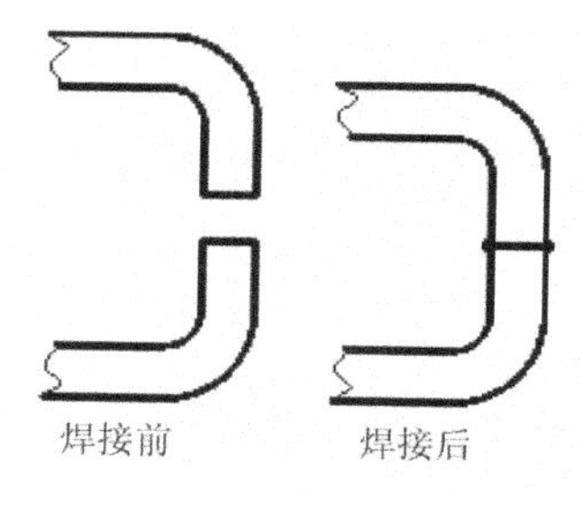

(a) 平齐式

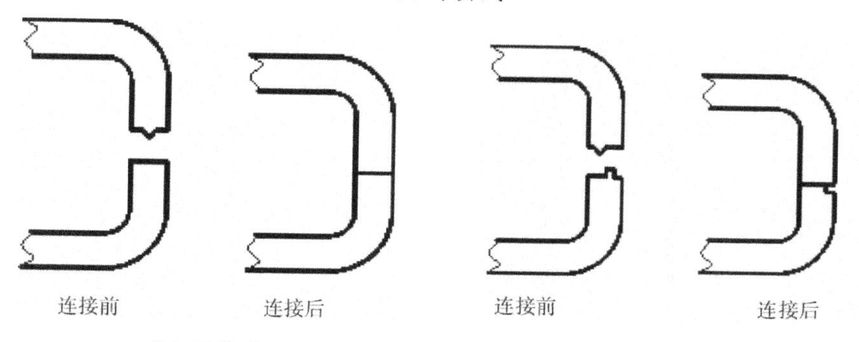

(b) 三角式　　(c) 止口式

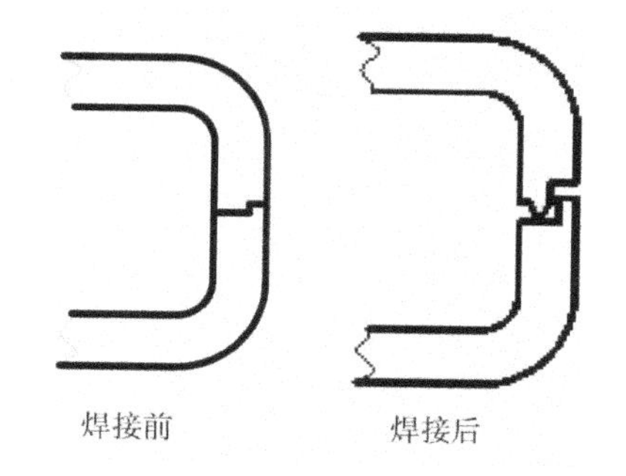

(d) 阶梯型式

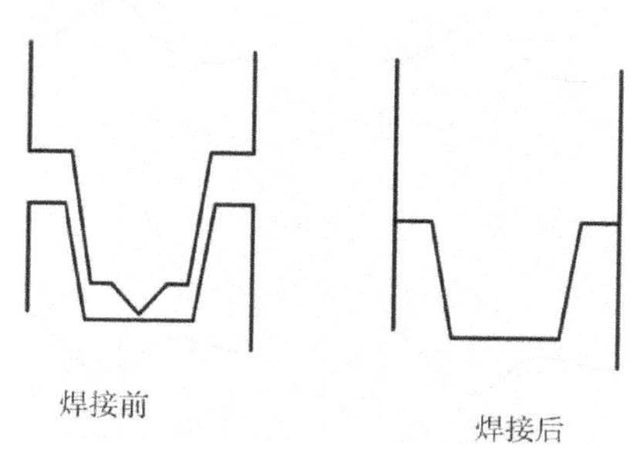

(e) 榫槽式

图 1-9　超声波焊接结构

1.2.2 可拆卸的固定连接结构

1. 螺纹连接结构

螺纹连接是最广泛应用的一种可拆固定连接形式，主要用于零件的紧固。螺纹连接件属于系列化生产的标准件，其常用的各种形式、规格、尺寸等可在标准件手册或设计手册中查到。

一般工业产品中使用的螺纹连接件主要有螺柱、螺栓、螺钉及螺母等，常见的连接方式如图 1-10 所示。

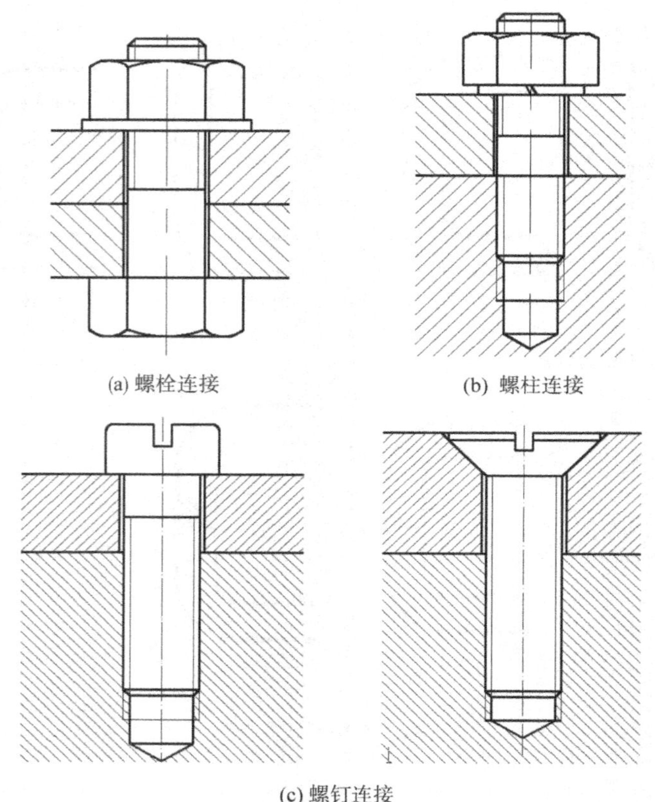

图 1-10　常见螺纹连接结构

螺柱、螺栓主要用于一些连接强度要求高的结构中，一般与螺母、垫圈配合使用。

螺钉的种类很多，按头部形状分为圆柱头、平头、圆头、半圆头、六角头、沉头及半沉头螺钉等；按端头施加扭力部位的形状特征可分为外六角、内六角、十字槽、一字槽(开槽)螺钉等；按主要用途和功能又可分为普通机用螺钉、木螺钉、自攻螺钉等。螺钉广泛用于工业产品中零部件的连接固定，如机壳的封口部、内部零件与机壳、机架的固定等。

管道与管接头的连接一般也采用螺纹连接的形式。如图 1-11 所示。

图 1-11　管接头　　　图 1-12　眼镜

如图 1-12 所示的半框眼镜的镜片与鼻梁托和镜脚都是直接由螺钉紧固连接的。

2. 销连接结构

销连接是利用各种销子插入被连接部件的连接部位，从而实现零部件连接、固定或定位的一种连接形式。销连接需要在零部件的连接部位预制与销配合的孔（锥孔或圆柱孔）。

销属于常用机械标准件，有很多种形式可供选择。常用销连接如图 1-13～图 1-15所示。

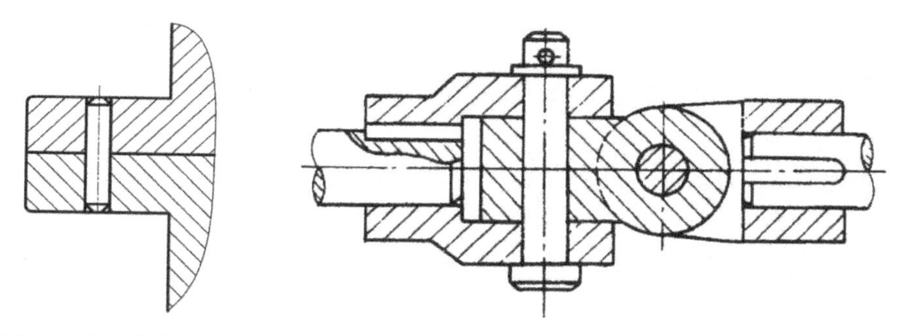

图 1-13　起定位作用的销　　　图 1-14　起固定连接作用的销

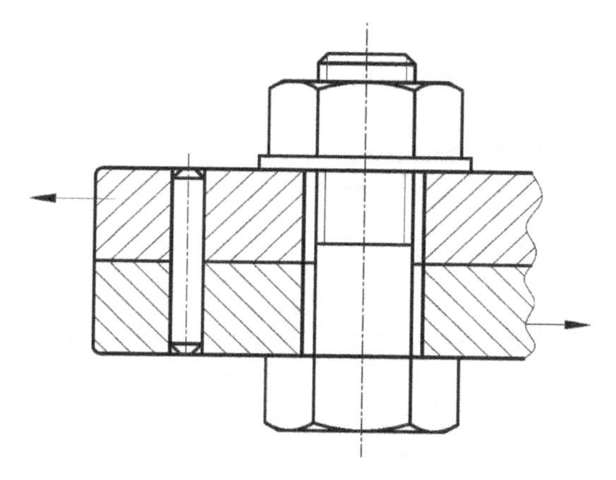

图 1-15　起抗剪切作用的销

3. 键连接结构

键主要用于连接轴与轴上的零件,传递扭矩,使之与轴同步转动。键属于标准件,有平键、半圆键、楔键及花键等形式。

平键连接用于高速运转轴的键连接,设计时要考虑平衡问题,应对称布置。如图 1-16 所示。

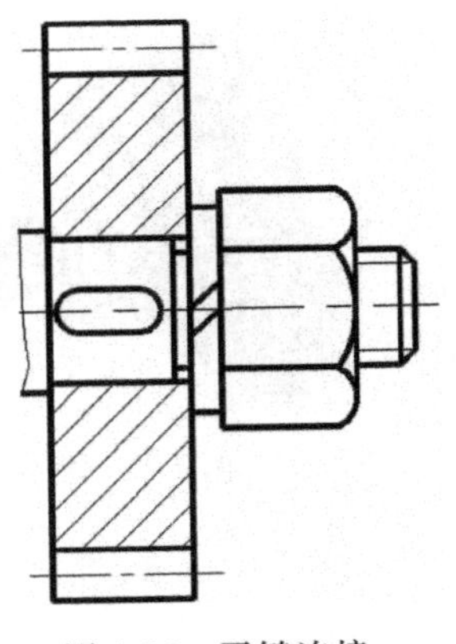

图 1-16 平键连接

半圆键对轴的强度影响较大,不适于传递大扭矩,且不能传递轴向力。使用半圆键连接需考虑设置轴向定位和紧固装置。如图 1-17 所示。

楔键连接易造成毂与轴的偏心,故主要用于对中性要求不高、低速和载荷平稳的工作场合。如图 1-18 所示。

花键连接具有承载能力强、对中性好、平衡性好及连接维护方便等优点。但加工成本较高。如图 1-19 所示。

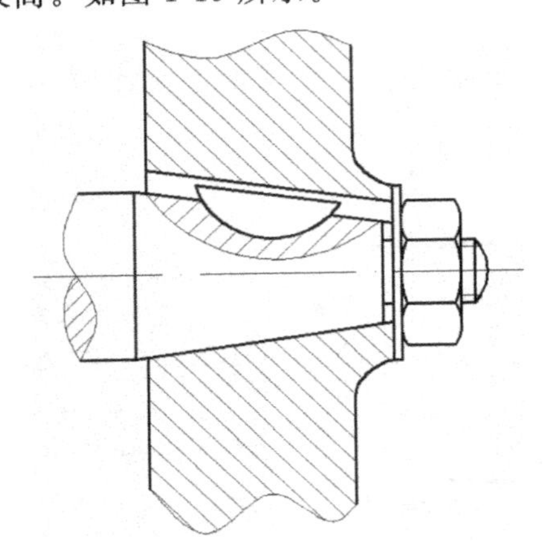

图 1-17 半圆键连接

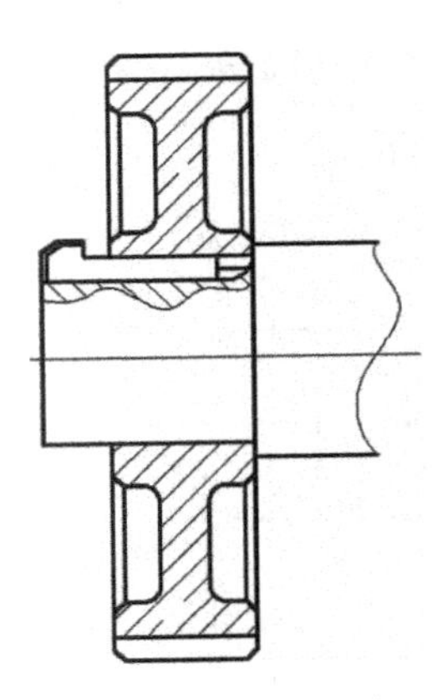

图 1-18 楔键连接

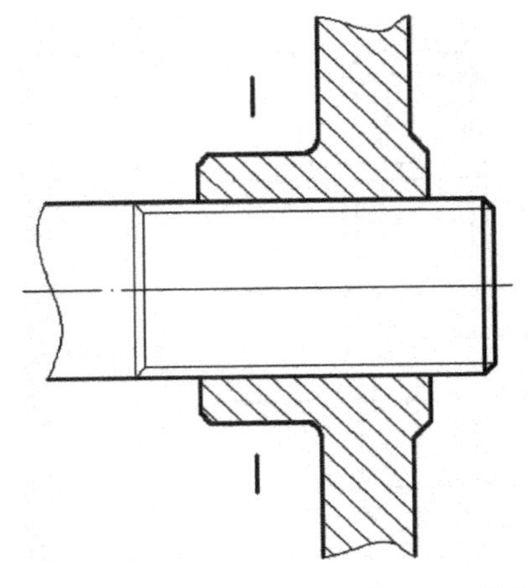

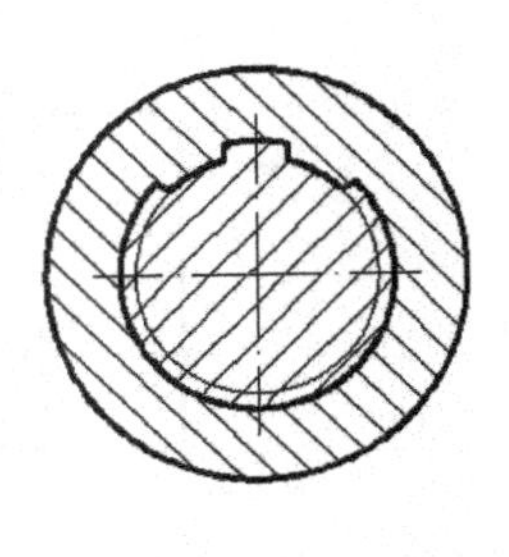

图 1-19 花键连接

4. 卡箍连接结构

管子的连接固定是产品设计中常见的问题。对于要求可靠性高、工作负荷大、长期固定使用的刚性管道连接，多采用螺纹或法兰连接。管箍常用于要求拆装方便的管道连接场合，多用于软管的连接（如摩托车、厨房燃气灶具与燃气管道的软管连接等）。图 1-20 为常见的卡箍。图 1-21 为使用卡箍连接管道的形式。

5. 过盈配合连接结构

过盈配合连接主要用于轴与孔的连接，轴的尺寸比孔略大，通过连接面的摩擦力传递或抵抗扭矩和轴向力。如轴承内孔与轴之间的配合。过盈量、过盈配合面积大小决定连接的紧固性和拆装的方便性，过盈量、过盈配合面积小的过盈配合连接，拆装容易、传递力小；过盈量、过盈配合面积大的过盈配合连接，拆装困难、传递力大。

图 1-20　常见的卡箍

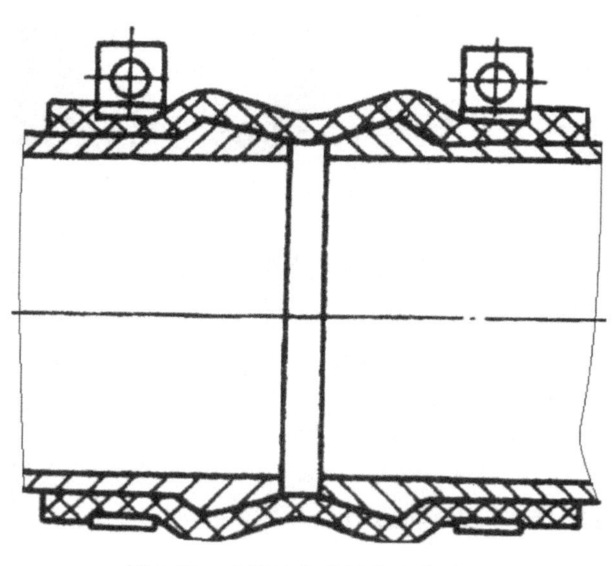

图 1-21　卡箍连接管道的安装关系

如图 1-22 所示的叉子头与杆为通过过盈配合实现连接。

图 1-22　叉子头与杆的过盈配合连接

6. 弹性变形连接结构

弹性变形连接指利用连接件整体或局部的弹性变形实现结构部件之间的连接与固定。

这种连接方式结构简单，拆装简便。产品利用不锈钢、塑料等材料本身的弹性，达到锁扣关闭盒子的目的，无须其他零部件。如图 1-23 所示的 DECLEOR 的喷雾瓶与盖子的连接、林德伯格公司的眼镜盒的连接等。

图 1-23　弹性变形连接

7. 插接

在单元面材上切出插缝或榫头，然后互相插接，通过互相钳制而形成立体形态。此结构安装和拆卸较方便。插接和榫接很相似，但是插接要求零件的材料有一定的弹性，而榫接则主要应用于木制材料。大卫・奎克的“谜题”扶手椅和可拆卸儿童桌椅都采用了插接结构，如图 1-24 和图 1-25 所示。

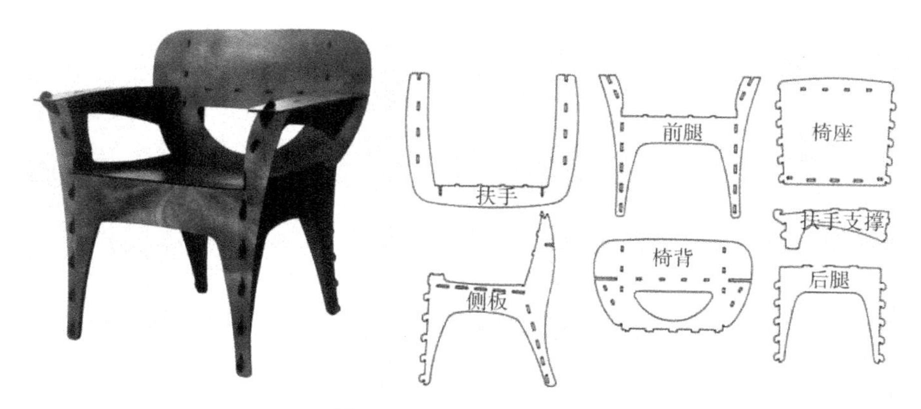

图 1-24 “谜题”扶手椅

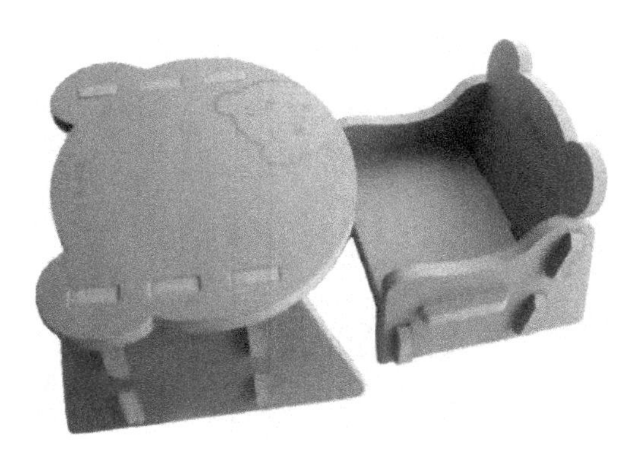

图 1-25 可拆卸儿童桌椅

1.3 活动连接结构

在产品设计过程中,设计活动连接结构的工作就是选择合理的连接方式限制不需要的运动自由度。要求设计的活动连接结构稳定、可靠、巧妙,以满足产品使用的目的。

1.3.1 移动连接结构

被连接的两零件间只有单一方向的直线相对运动的连接叫移动连接结构。如抽屉的推拉移动导轨、滑盖式手机的滑动导轨、折叠伞的伞柄伸缩结构及气缸和液压缸活塞与缸体的配合结构等都属于移动连接结构。如图 1-26 所示的管钳中,上钳口的上下移动就采用了简单的直线导轨结构。

图 1-26 管钳

1.3.2 转动连接结构

1. 滚动轴承连接结构

滚动轴承连接具有摩擦小、承载能力强、工作稳定可靠等优点，且滚动轴承属于系列化生产的标准件，选用方便。如图 1-27 所示。

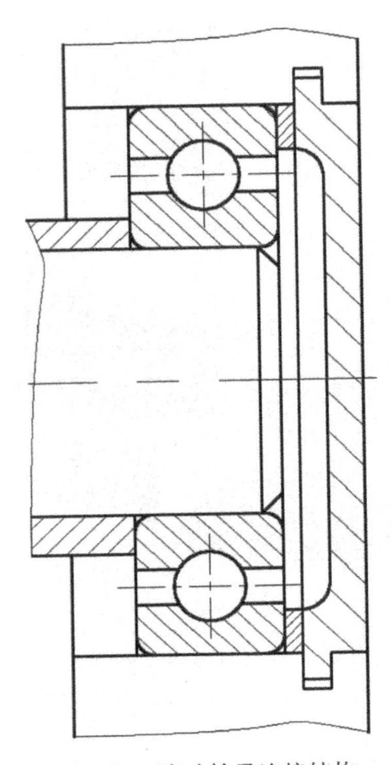

图 1-27 滚动轴承连接结构

2. 滑动轴承连接结构

如图 1-28 所示为常用的滑动轴承连接结构。

图 1-28 滑动轴承

3. 铰链连接结构

用铰链机构把两个物体连接起来称作铰接。如图 1-29 所示的折叠凳子多处采用了铰链连接结构。

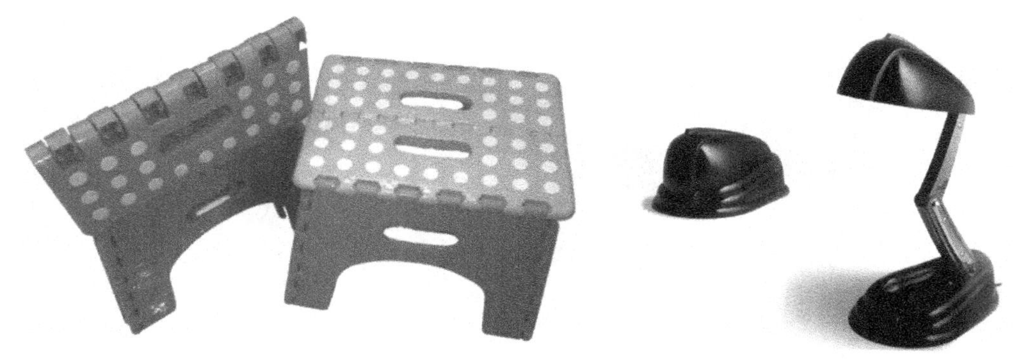

图 1-29　折叠凳子

图 1-30　转轴连接

4. 转轴连接结构

工作中既承受弯矩又承受扭矩的轴称为转轴,用于连接产品零部件。很多电子产品采用转轴连接,如翻盖式手机和笔记本电脑。贝克利特公司的朱莫台灯就采用了转轴连接结构,如图 1-30 所示。

转轴按结构分有 9 种类型:①传统垫片;②一字型;③压铸;④卷包;⑤扭簧;⑥连杆;⑦多轴;⑧折叠;⑨旋铆。按功能可分为 9 种类型:①无角度限制;②有角度限制;③多段扭力;④定点;⑤弹力;⑥平衡力;⑦组合;⑧挂壁;⑨开关。常见转轴如图 1-31 所示。

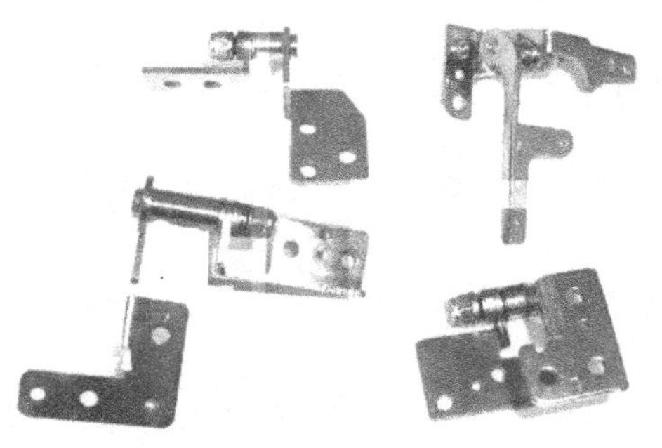

图 1-31　转轴

零件安装转轴部位的结构根据转轴的结构设计,转轴的结构可以查阅相关资料。在设计转轴连接时,转轴一般是根据产品的形状和连接的力的大小,购买和定制。

5. 螺旋运动连接结构

螺旋运动连接结构在产品设计中应用非常广泛。注塑机等供料使用的螺旋输送机,通过螺旋轴及螺旋面的旋转推进实现散料的输送。螺旋运动更常见的应用形式是实现旋转与直线移动的转换,如图 1-26 所示的管钳中,螺旋轴的相对上下移动采用了螺旋运动连接结构。如图 1-32 所示的特百惠水杯的瓶盖和瓶体采用了螺旋连接方式。

6. 万向节连接结构

如图 1-33 所示的万向节连接结构，可实现多自由度的转动。此类活动连接结构在一些需随时调整构件角度的产品结构中应用甚广。如机动车的手动变速杆转动结构、汽车内可调方向空调排风口等。

图 1-32　水杯

图 1-33　万向节

7. 活动铆接结构

活动铆接是铆接后被结合件可以相互转动的连接方式。如图 1-34 所示的岛威·费歇尔（德国）设计的连座桌椅和如图 1-35 所示的韩国 mydoob 折叠衣架都是铆接用于转动连接的典型例子。

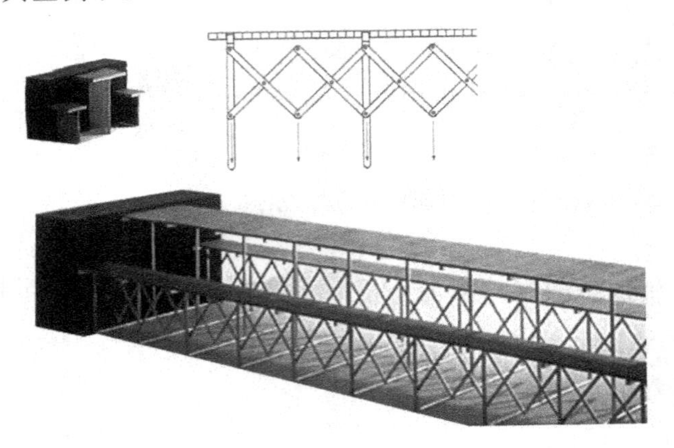

图 1-34　连座桌椅

图 1-35　折叠衣架

1.3.3 柔性连接结构

柔性连接在此指允许被连接零部件位置、角度在一定范围内变化或连接构件可发生一定范围内的形状、位置变化而不影响运动传递或连接关系的连接形式。常见的形式有弹簧连接和手风琴式连接等。如图 1-36 所示的折叠急救屋。

图 1-36 折叠急救屋

1.4 案例

【案例 1-1】 自行车

如图 1-37 所示的自行车的车轮、车把、轮盘及脚蹬等功能上需要转动，结构上需相应地设计转动连接。座位的升降采用卡箍连接。闸线处采用铆钉连接等等。

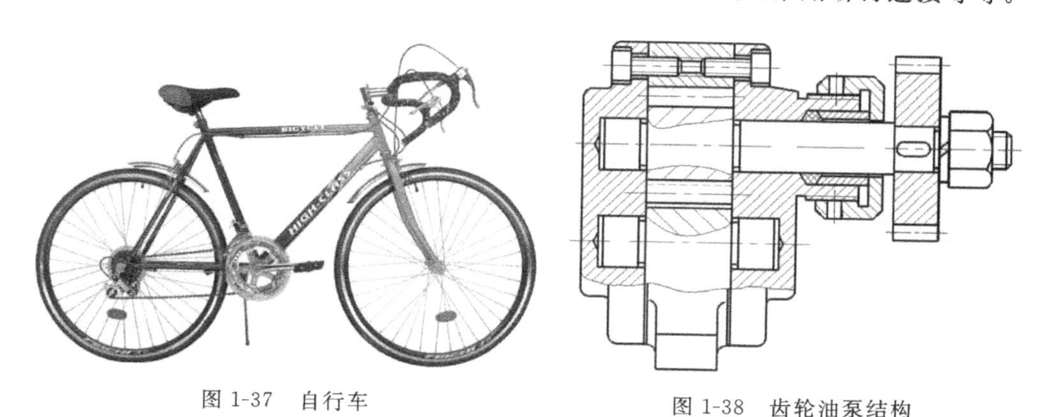

图 1-37 自行车

图 1-38 齿轮油泵结构

【案例 1-2】 齿轮油泵

如图 1-38 所示为齿轮油泵的连接结构关系。在其连接结构中，使用了大量的螺纹连接方式。

【案例 1-3】 手表

如图 1-39 所示的手表的表盘和表链、表链各环节之间用销连接，表链扣采用弹性变形连接。

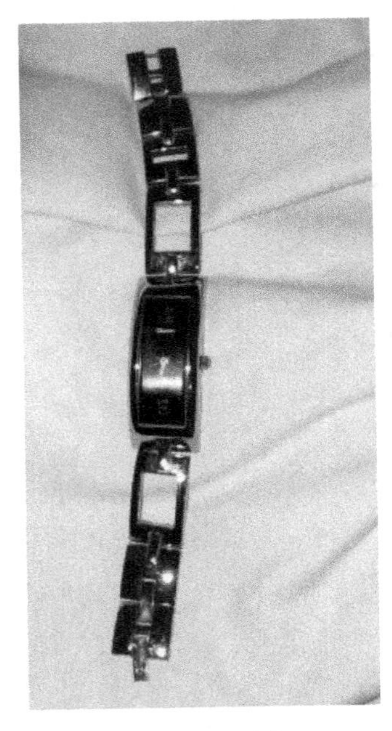

图 1-39 手表

第2章　密封结构

对于某些产品来说，密封是必需考虑的结构问题，如果密封效果出问题就会影响产品质量。如水笔漏水、水龙头漏水、冰箱泄氟、轮胎跑气等产品故障。

2.1　概述

2.1.1　密封结构的作用

密封结构的作用是造成一个相对封闭的空间。对不同的产品，密封的功能和要求不同。

对于依靠封闭实现功能完成工作的产品，密封结构的主要功能是保证产品可靠工作、实现产品设计功能和效率。如罐头瓶、空压机等的密封。通常这类产品对密封的要求较高。对于容纳、储存、传输物料（介质）的产品，密封的主要功能是防止泄漏。如冰箱门、水龙头等的密封。此类产品的密封要求主要取决于泄漏造成的影响程度，泄漏影响越大，密封要求越高。

2.1.2　密封结构的种类

密封的方法有很多，可以按密封材料、工艺、结构特征、效果等来划分。由于产品的密封结构通常都是在零件结合面上，通常按密封结构的运动状态将其分为静态密封和动态密封两种。

1. 静态密封

静态密封指在相对静止的结合面上的密封结构。静态密封主要用于各种固定连接处，如管道的法兰接口处、发动机机盖与机身结合面等。静态密封一般都需要以一定的压力保持密封效果。

静态密封又可按其具体实施方式与方法分为垫片密封、填料密封、胶密封、螺纹密封、管箍密封、自紧密封等。

2. 动态密封

动态密封指运动接触面间的密封，典型例子是活塞与活塞缸之间的密封。动态密封因运动需要在结合面处留有间隙，密封状况直接影响产品工作效果。

动态密封按密封状态可分为接触密封、无接触密封等。按实施方式和结构特点可分为填料密封、机械密封、动力密封、迷宫密封等。

2.1.3 密封结构的材料

密封常用材料有以下几种：

（1）金属：铜垫片、钢垫片（冲压成型，用于发动机缸体等密封）、纯铜垫（液压系统的静密封）。

（2）聚四氟乙烯：其成型件主要用于重要的阀门等。

（3）生料带：用于水暖管、燃气管道接头等螺纹密封。

（4）橡胶：用于水阀门、低压无腐蚀管道对接头等密封。

（5）聚氨酯：由聚氨酯制成的密封圈，属标准化零件，密封圈形状有 O 形圈、V 形圈、Y 形圈、唇形圈等，广泛用于液压、气动系统的动、静态密封。

（6）毛毡：主要用于机械系统油封等。

（7）密封胶：有环氧树脂、氯丁胶等。

选择密封材料时，依据产品的特点（如工作温度、接触介质、运动状况等）、密封的要求（可靠性、耐久性等）、密封方式、维护维修（装拆方便性、互换性、频繁程度）、制造工艺性和成本等因素进行合理选择。

2.2 静态密封结构

2.2.1 垫片密封

在密封结合面间夹入金属或非金属垫片实现密封。垫片密封需要一定的压力施加在垫片上，使垫片变形后充满间隙。垫片密封通常用螺纹紧固件施加预紧力。如图 2-1 所示为一常见垫片。

如图 2-2 所示为玻璃罐头瓶的密封结构形式（需玻璃瓶口有螺纹结构）。

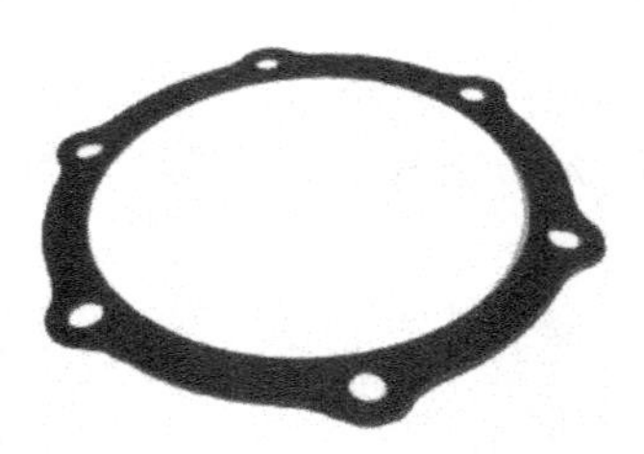

图 2-1 垫片

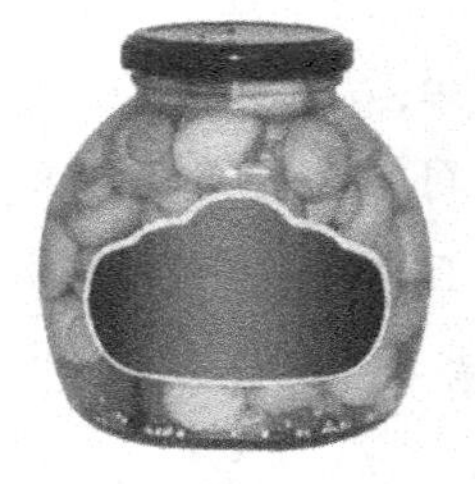

图 2-2 玻璃罐头瓶

如图 2-3 所示为常用的法兰连接垫片密封结构形式。

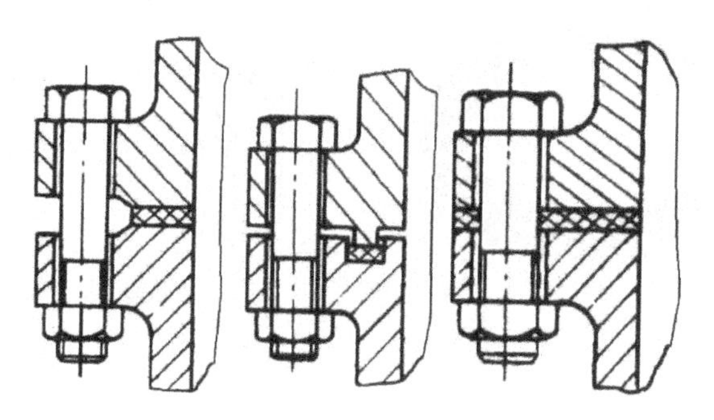

图 2-3　法兰连接垫片密封

2.2.2　填料密封

填料密封使用橡胶、石棉绳等柔软材料，通过挤压变形填充密封间隙。如图 2-4 所示。

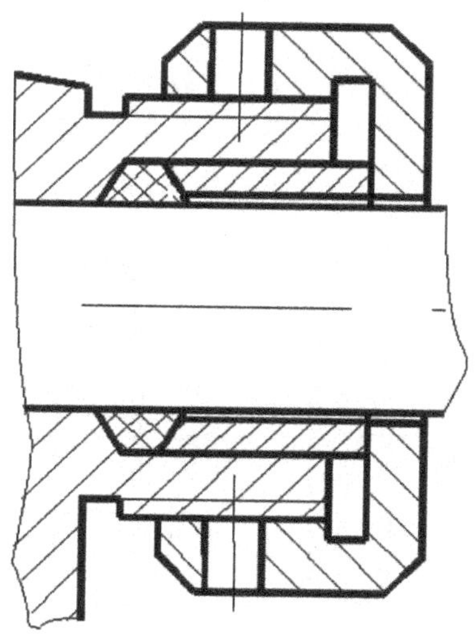

图 2-4　填料密封

2.2.3　O 形圈密封

O 形圈有系列化产品供应，使用方便。O 形圈的材料有多种，耐油橡胶材料制品最常见。此外，还有使用聚氨酯、聚四氟乙烯和金属等制成的。

如图 2-5 所示为非金属 O 形圈密封常用结构。

金属 O 形圈一般采用圆管焊接制成，材料多为不锈钢，也可用低碳钢管、铝管或铜管制作。为提高密封性能，金属 O 形圈表面需镀覆或涂金、银、铜及氟塑料等。

金属 O 形圈分为充气式和自紧式两种。充气式是在环内充惰性气体，可增加环

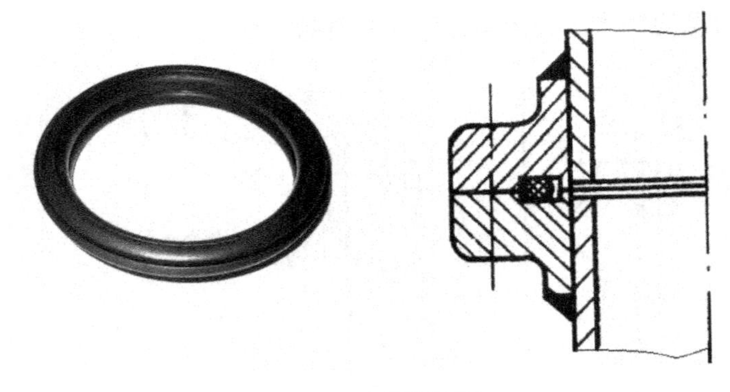

图 2-5　O 形圈密封

的回弹力，用于高温场合。自紧式是在环的内侧圆周上制若干小孔，介质进入环内使环具有自紧性，用于高压场合。

金属 O 形圈密封性能优良，适于高温、高压、真空和低温等条件。

2.2.4　自紧密封结构

自紧密封依靠介质压力增加密封性，压力越大，对密封件的作用越大。图 2-6 为两种典型的自紧密封结构。

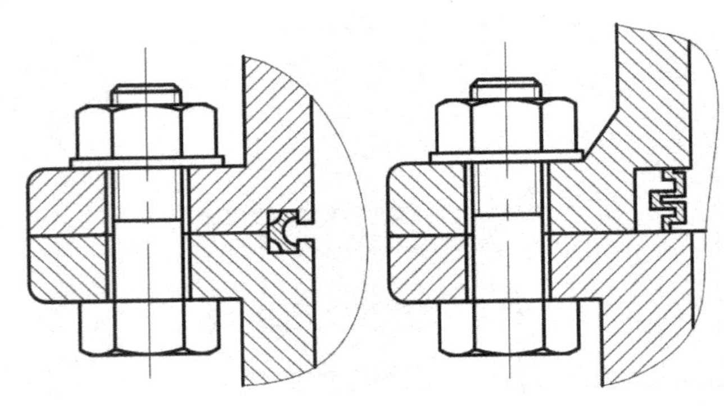

图 2-6　自紧密封

2.2.5　螺纹连接密封

图 2-7　螺纹连接密封

如图 2-7 所示，螺纹连接密封一般需在螺纹处放置密封胶、麻线或聚四氟乙烯生料带等提高密封效果，常用于水暖管件连接。

2.2.6　研合面密封结构

研合面密封指先依靠结合面精密研配消除间隙，再通过螺栓等施加压力形成密封的结构，如图 2-8 所示。常用于不能用垫片密封的场合。

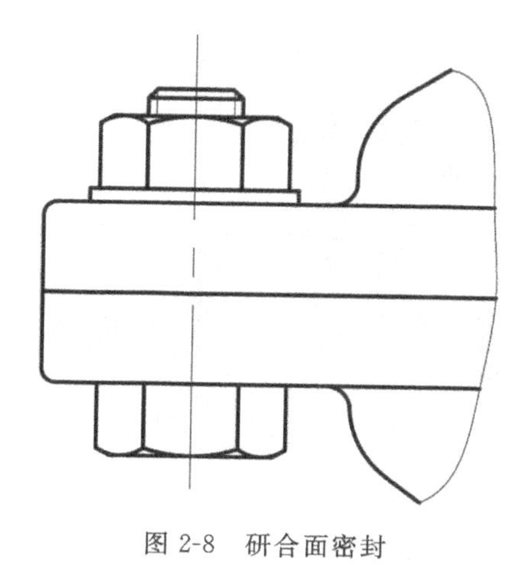

图 2-8　研合面密封

2.2.7　其他静态密封结构

1. 高频热封密封结构

电磁感应铝箔封口膜是由纸板、铝箔、黏合剂和密封膜等组成一体，用电磁感应封口机通过加热的方式，将热黏合层与瓶口密封。感应受热后垫纸分离，铝箔封口层与瓶口封合，达到密封防潮防漏效果，此外还具有防伪性和防盗性。如图 2-9 所示的药瓶用高频热封方法黏合密封，瓶盖用螺纹结构密封。

2. 金属易拉罐密封结构

如图 2-10 所示的金属易拉罐密封的结构为镀锡薄板冲制的底盖与罐身筒卷合而成。

图 2-9　药瓶封盖

图 2-10　金属易拉罐密封结构

3. 磁性密封结构

冰箱的门要求密封严密，但又需经常开启。冰箱门的密封一般采用镶磁性条的中空合成橡胶专用密封条密封结构。如图 2-11 所示。

图 2-11　磁性密封

图 2-12　煤气管道接头

4. 弹性变形密封结构

煤气管道的软管与管道的连接处的密封靠软管的弹性变形密封。如图 2-12 所示。

5. 冠形瓶盖密封结构

冠形瓶盖亦称王冠盖，是一种盖裙带有 21～24 个波褶的浅型金属盖。与冠形瓶口匹配，盖底带有软木、塑料或溶胶内衬。封盖时，盖裙与瓶口封锁环啮合密封，需用专用启盖器（俗称启子）开启。适于普通密封、压力密封和真空密封，广泛应用于白酒、啤酒、调味品和饮料的包装瓶。如图 2-13 所示。

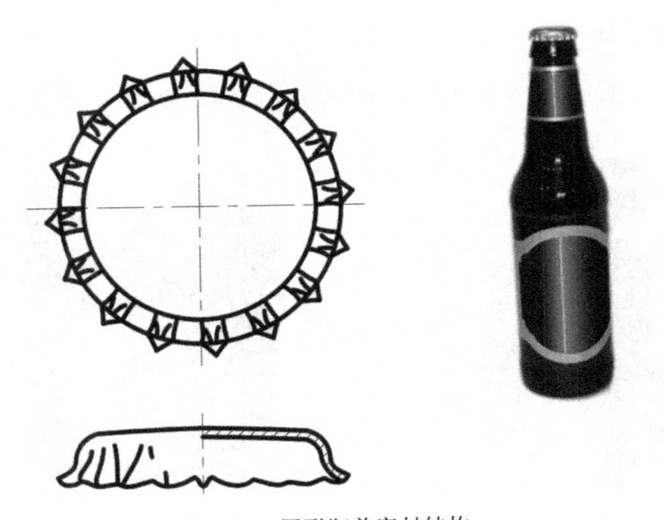

图 2-13　冠形瓶盖密封结构

6. 连底环密封盖结构

如图 2-14 所示的连底环密封盖结构内设置有拉环和易拉开的封闭薄膜。

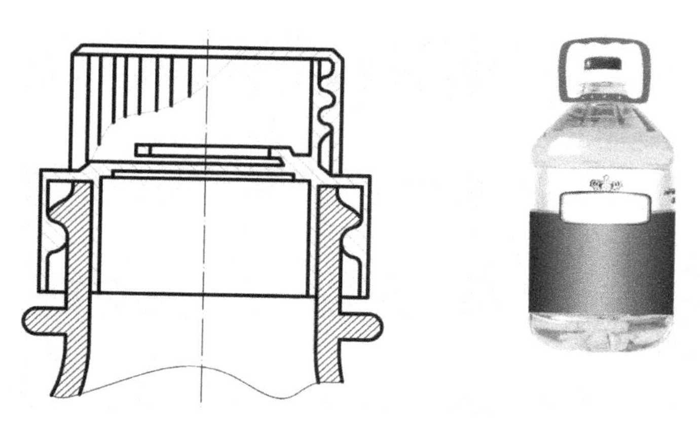

图 2-14　连底环密封盖结构

7. 塞盖结构

塞盖是利用塞进瓶口部分产生的径向压缩力和摩擦作用实现对瓶口的密封。所用材料多为软木、弹性塑料及橡胶等。如图 2-15 所示。

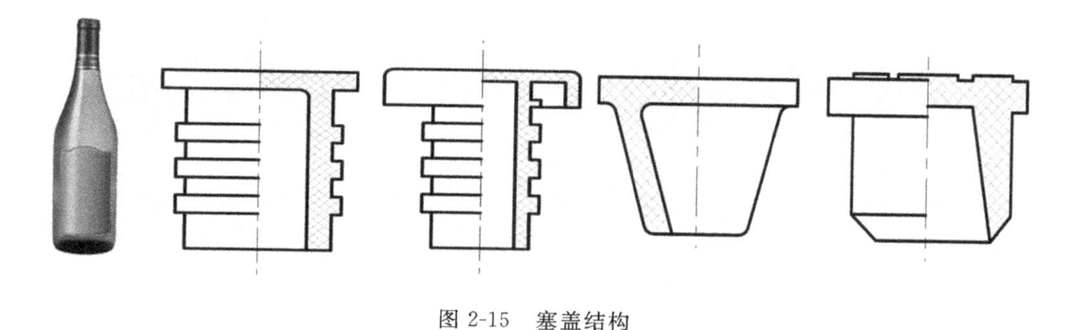

图 2-15　塞盖结构

2.3　动态密封结构

2.3.1　接触密封结构

1. 毛毡密封结构

毛毡密封主要用于伸出的机械旋转轴轴承盖内、滑动部件与导轨接合的裸露端部等，起保护作用的毛毡密封结构简单、成本低，但容易脏污失效，不适于高速场合。图 2-16 为毛毡密封用于轴承盖的两种密封结构。

2. 唇形圈密封结构

唇形圈密封结构因截面形状呈唇状而得名。一般唇形圈都带有金属骨架和螺旋弹簧，起自紧作用。在自由状态下，唇形圈内径比轴颈小，当安装到轴上以后，其唇口产生一定的弹性变形，加之其自紧弹簧的收缩力，唇形圈对轴产生一定的抱紧力，从而堵住间隙，防止泄漏，达到密封的目的。唇形圈为系列化标准产品，有各种截面和结构形式，尺寸系列可在设计手册中查到。如图 2-17 所示为唇形圈密封。

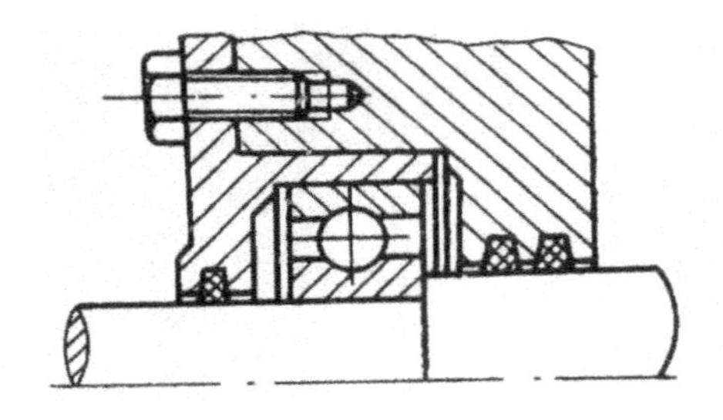

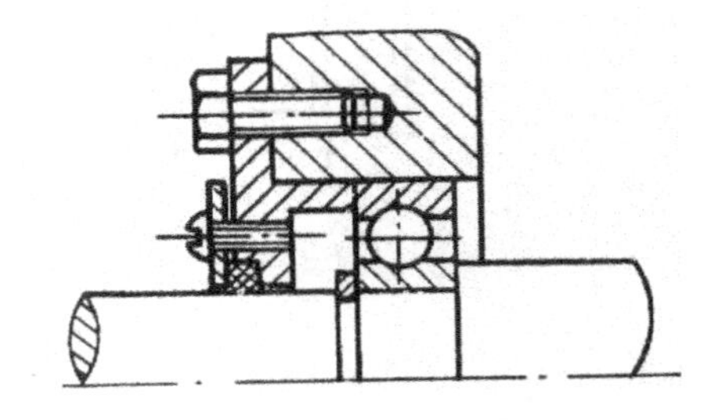

图 2-16　毛毡密封

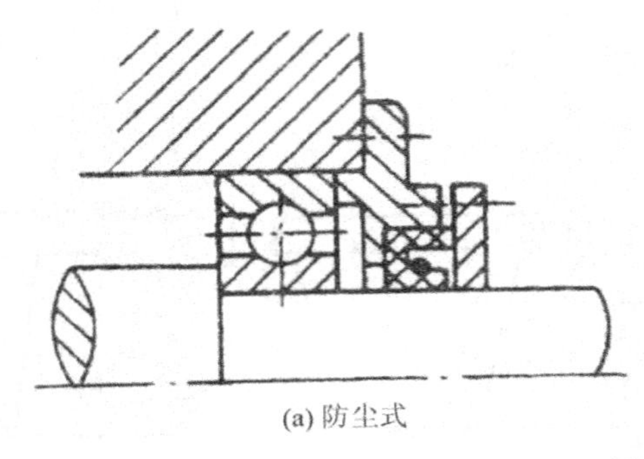

(a) 防尘式

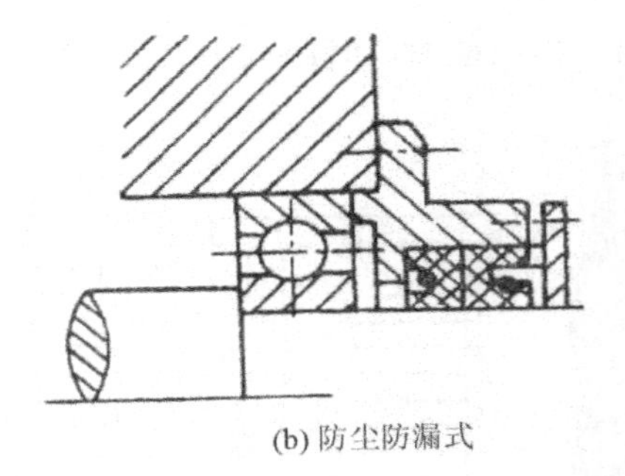

(b) 防尘防漏式

图 2-17　唇形圈密封

3. 成型圈密封结构

成型密封圈外观上与唇形圈相似，但一般没有骨架且用途与唇形圈不相同。一般成型密封圈按其截面形状命名，如 V 形圈、Y 形圈、U 形圈、L 形圈等。

成型密封圈常用材料为合成橡胶、夹布橡胶、合成塑料等，也可用皮革、铝、铜、不锈钢等材料制作，一般采用模压成型，塑料、金属制密封圈也可采用机加工成型。

成型密封圈主要用于液压缸、气缸等的活塞杆、活塞的动密封，分别用于密封轴和孔。可单个使用，也可成组使用，结构简单、摩擦阻力小。成型密封圈内、外径尺寸有一定余量，安装后产生一定的变形，并可借助介质的压力形成自紧密封。轴用和孔用成型密封圈的安装结构有所不同，如图 2-18 所示为采用 V 形圈密封活塞的典型结构。

如图 2-19、图 2-20 所示为 U 形圈用于液压缸活塞或活塞杆密封的典型应用结构。

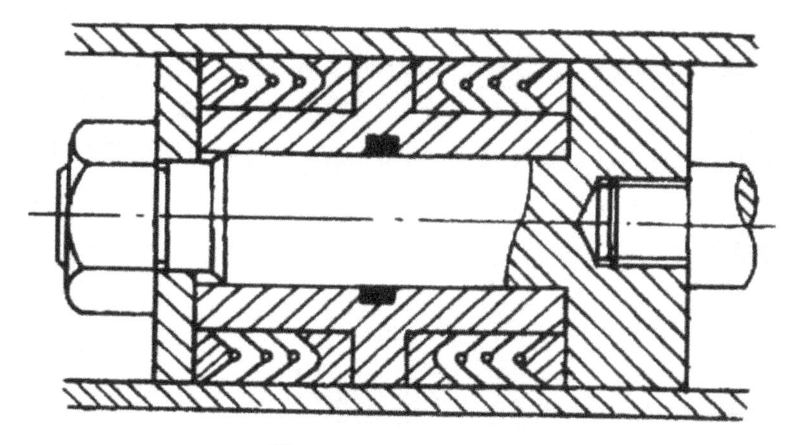

图 2-18　V形圈密封活塞

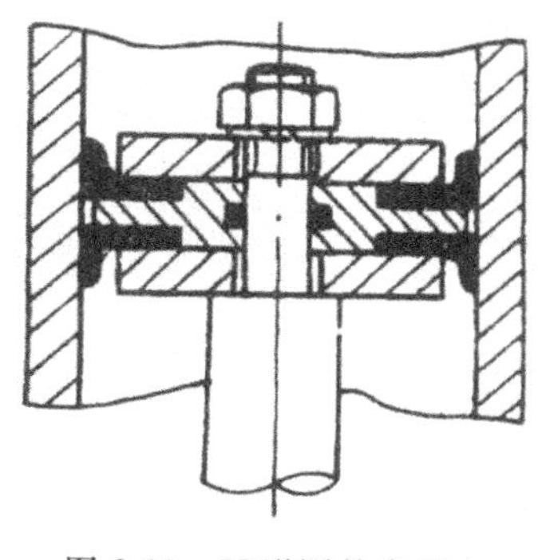

图 2-19　U形圈的应用 1

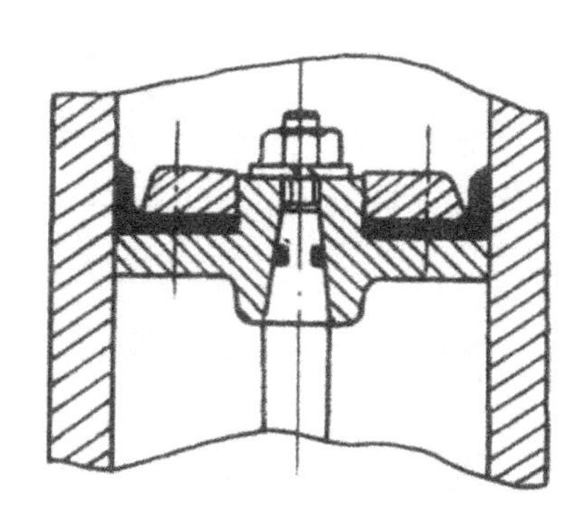

图 2-20　U形圈的应用 2

2.3.2　非接触密封结构

1. 浮动环密封结构

浮动环密封是利用特殊结构形成油膜阻隔区实现气箱隔离，主要用于压缩机的轴密封。浮动环密封由几个浮动环组成，浮动环重量轻并以很小的间隙套在轴上，轴旋转时浮动环处于浮动状态。高压密封油由入口注入密封腔中，向两端溢出。浮动环的侧面间隙及与轴之间的间隙都很小，这些间隙对油的流动形成节流阻隔，从而形成一个油膜区。从两端流出的密封油经回收装置再回到油箱。

2. 离心密封结构

离心密封是利用转子高速旋转时带动液体产生的离心力将液体甩出从而形成阻隔区，达到密封目的。

3. 干气密封结构

干气密封是在密封面间利用空气形成一个特殊的阻隔区达到密封目的，主要用于旋转式空压机的轴封。如图 2-21 所示为干气密封的工作原理，静环 3 装在静环座内并通过弹簧 2 的压力与动环 4 紧密贴合，贴合面为密封面。动环通过传动销 5 与转轴同步旋转，其端面开设有深度为 0.1mm 的螺旋槽。当干燥空气被输送到密封面时，由于动环的转动螺旋槽将气体由动环外周送到螺旋槽根部，并逐步提高气体压力，槽内压力造成贴合面形成 2.5～5μm 的间隙，故在正常运转状态，贴合面处于非接触状态。

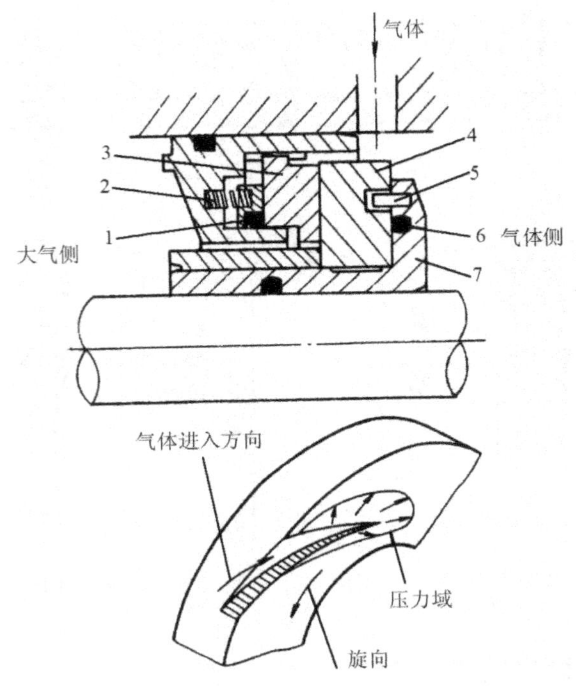

图 2-21　干气密封工作原理

1—O 形环；2—弹簧；3—静环；4—动环；5—传动销；6—密封环；7—轴套

2.4　密封结构案例

【案例 2-1】　球心阀的密封结构

如图 2-22 所示，其主要采用密封圈和毛毡填料进行密封。

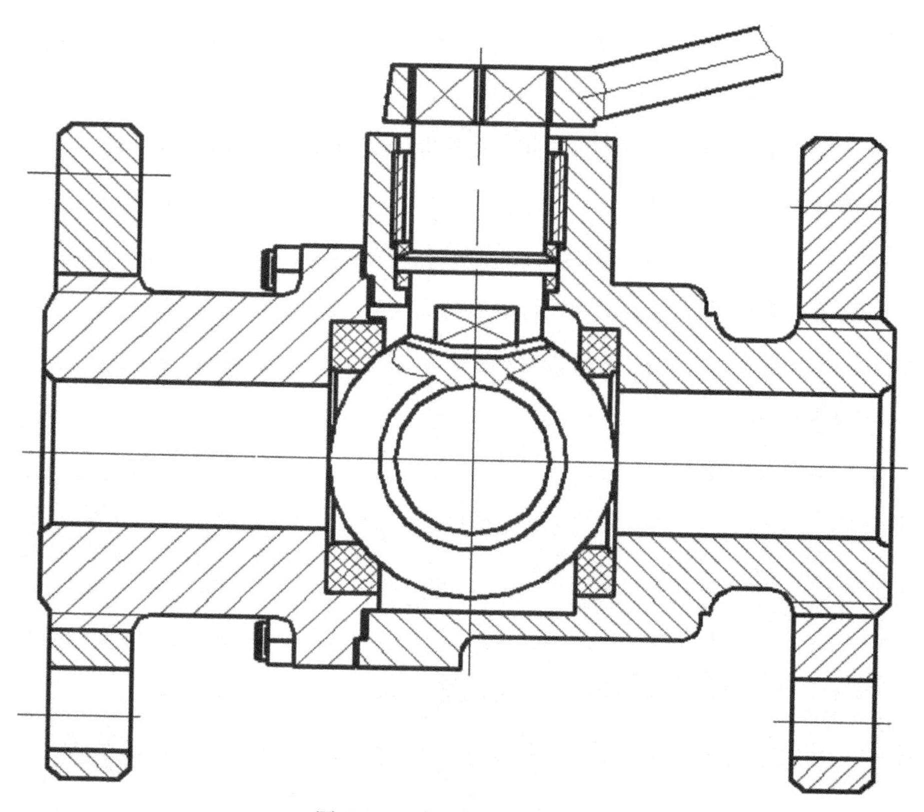

图 2-22　球心阀的密封结构

第3章　铸造和焊接结构

3.1　铸造结构

铸造是将熔融金属浇注、压射或吸入铸型型腔，冷却凝固后获得一定形状和性能的零件或毛坯的金属成型工艺。铸造构件常用于对刚度、强度有较高要求及造型与内部结构比较复杂的产品。如图3-1～图3-4所示。

图3-1　工艺铁栏杆

图3-2　铜铸工艺品

图3-3　铸铜水龙头

图3-4　铸铁箱体

3.1.1　铸造构件的特点

与其他成型制造方式相比，铸造构件具有以下特点：

1. 有较高的刚度、强度

铸造箱体一般壁厚较大，适合于对刚度、强度要求较高的产品外壳，如齿轮减速器的箱体等。除了作为外壳，还可在铸件上制作其他结构部件，如汽车发动机将活塞缸体直接制作在壳体上。铸造件也可以作为底座或支架，如轴承支座。

2. 形状和尺寸的适应性强

它可以是各种形状、各种尺寸的毛坯，特别适宜具有复杂内腔的零件。铸件的尺寸可小至几毫米，大至几十米；重量从几克至数百吨。

3. 对材料的适应性强

可适应大多数金属材料的成形，对不宜锻压和焊接的材料，铸造具有独特的优点。

4. 成本低

这是由于铸造原材料来源丰富，铸件的形状接近于零件，可减少切削加工量，从而降低铸造成本。

5. 其他

铸铁材料具有减振、抗振、耐磨、润滑性能。作为高速运动部件的壳体能起到一定的减振、降噪作用，如发动机、压缩机作为运动部件的支撑。还能起到减少摩擦、磨损作用，如机床的导轨。

3.1.2　铸造构件的常用材料

1. 铸铁

铸铁流动性好，体收缩和线收缩小，容易获得形状复杂的铸件，在铸造时加入少量合金元素可提高耐磨性能。铸铁的内摩擦大、阻尼作用强，故动态刚性好；铸铁内存在游离态石墨，故具有良好的减磨性和切削加工性，且价格便宜，易于大量生产。但铸件的壁厚超过临界值时，力学性能显著下降，故不宜设计成很厚大的结构件。

2. 铸钢

铸钢熔点高、流动性差、收缩率大，吸振性低于铸铁，弹性模量较大。铸钢的综合力学性能高于铸铁，不仅强度高，且具有优良的塑性和韧性。此外，铸钢的焊接性好，可实现铸焊联合制造重型零件。

3. 铝合金

纯铝强度低、硬度小，因此，制造产品壳体常采用铝合金材料。铝与一些元素形成的铸铝合金密度小，而且大多数可以通过热处理强化，使其具有足够高的强度、较好的塑性、良好的低温韧性和耐热性、良好的机加工性能，非常适合制作产品外壳，如硬盘壳体等。

4. 铸造铜合金

铸造铜合金有较高的力学性能，良好的耐磨性和耐蚀性能，并可以焊接。用于要求强度高，耐磨、耐蚀的铸件，如轴套、水龙头配件等。

3.1.3 铸造构件的结构

1. 铸件的结构设计要求

(1) 易铸。造型简单、起模方便。

(2) 无缺陷。无缩孔、变形、开裂等缺陷。

(3) 省材料。尽量做到无冒口，节省材料。

(4) 生产率高。工艺简单、易机械化生产。降低工人劳动强度。

(5) 少分型面。尽量使分型面少且平。如图 3-5 所示。

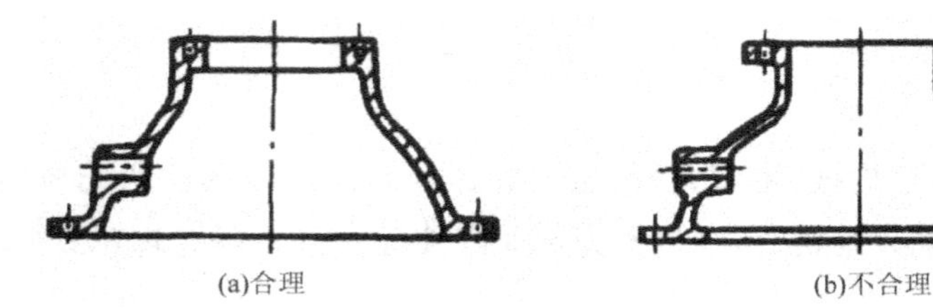

(a)合理　(b)不合理

图 3-5　铸件结构

(6) 少凸台。外形尽量简单、平直少凸台。如图 3-6 所示。

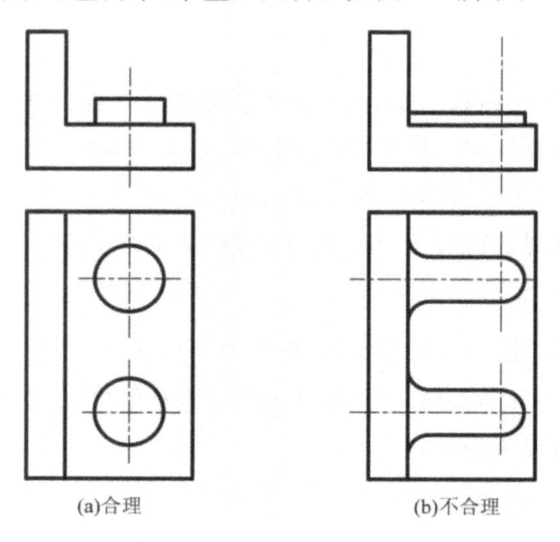

(a)合理　(b)不合理

图 3-6　外形应简单、平直少凸台

2．拔模斜度

合理设置拔模斜度。如图 3-7(a)所示。

3．铸造圆角

铸件拐角处应设计铸造圆角。如图 3-7(b)所示。

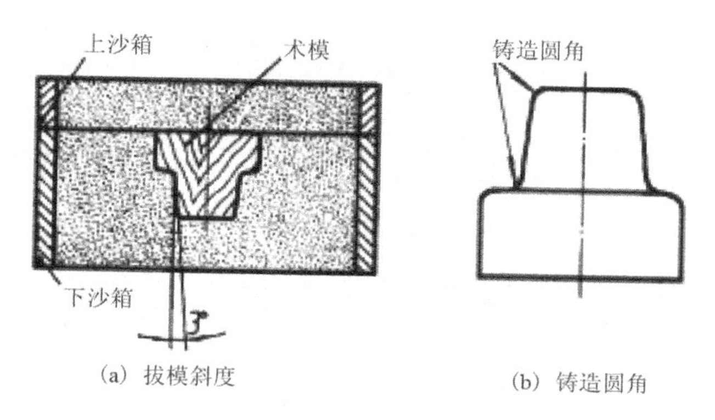

(a) 拔模斜度　　(b) 铸造圆角

图 3-7　设置结构斜度与圆角

4．内腔结构要求

(1) 制芯简单。

(2) 下芯容易。

(3) 安装稳固。

(4) 排气通畅。

(5) 清理方便。

(6) 尽量减少型芯。

(7) 型芯要稳固、易于清理。

5．壁厚设计

(1) 合理设计铸件壁厚。铸件的壁厚设计时要考虑多方面的因素，表 3-1 给出了铸件的外壁、内壁与肋的厚度参考值。

表 3-1　铸件外壁、内壁与肋的厚度　(单位 mm)

零件质量/kg	零件最大外形尺寸	外壁厚度	内壁厚度	肋的厚度	应用举例
5	300	7	6	5	盖、拔叉、杠杆、端盖、轴套
6～10	500	8	7	5	盖、门、轴套、挡板、支架、箱体
11～60	750	10	8	6	盖、箱体、电动机支架、支架、托架

续　表

零件质量/kg	零件最大外形尺寸	外壁厚度	内壁厚度	肋的厚度	应用举例
61～100	1250	12	10	8	盖、箱体、液压缸体、支架、溜板箱体
101～500	1700	14	12	8	油盘、盖、壁、带轮
501～800	2500	16	14	10	箱体、床身、轮缘、盖
801～1200	3000	18	16	12	小立柱、箱体、滑座、床身、床鞍、油盘

（2）铸件壁厚应尽可能均匀。如果厚薄间没有很好的过渡可能导致产品变形，或产生裂纹，并且在较厚的区域内部可能不致密，产生凹陷。如图 3-8 所示。表 3-2 给出了壁厚的过渡形式与尺寸。

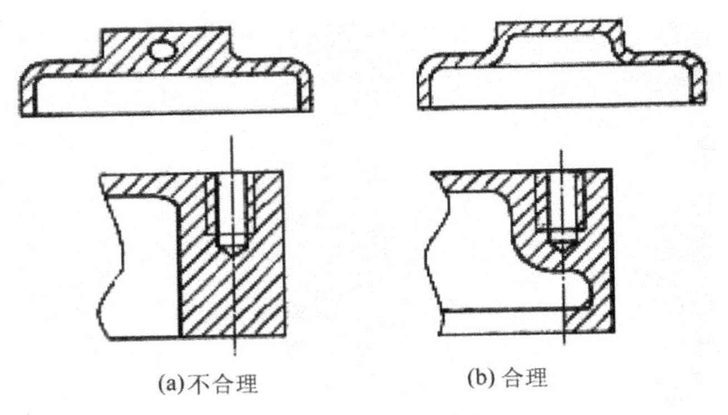

图 3-8　铸件壁厚均匀

（3）注意铸件壁与壁的连接。在易出现裂缝处设防裂筋，如图 3-9 所示。

表 3-2　壁厚的过渡形式与尺寸　　（单位 mm）

图例	过渡尺寸												
	$b\leqslant 2a$	铸铁	$R\geqslant(1/3)((a+b)/2)$										
		铸钢可锻铸铁	$(a+b)/2$	<12	12～16	16～20	25～27	27～35	35～45	45～60	60～80	80～110	110～150
		铁非铁合金	R	6	8	10	12	15	20	25	30	35	40
	$b>2a$	铸铁	$L\geqslant 4(b-a)$										
		铸钢	$L\geqslant 5(b-a)$										

续 表

图例	过渡尺寸	
	$b\leqslant 1.5a$	$R\geqslant(2a+b)/2$
	$b>1.5a$	$L=4(b+a)$

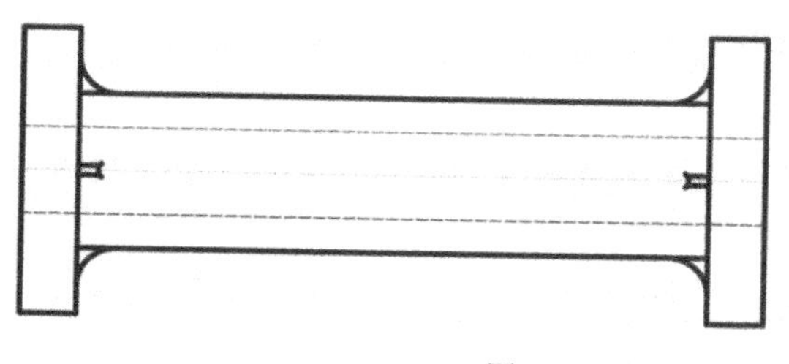

图 3-9 防裂筋结构

3.2 焊接结构

金属焊接是指通过适当的手段，使两个分离的金属物体产生原子或分子间结合而连接成一体的连接方法。

图 3-10 挖掘机

在产品制造中，焊接与热切割是一种十分重要的加工工艺。据工业发达国家统计，每年仅需要进行焊接加工后使用的钢材就占钢总产量的 45%左右。焊接不仅可以解决各种钢材的连接，而且还可以解决铝、铜等有色金属材料的连接，因而已广泛应用于机械制造、造船、海洋开发、汽车制造、石油化工、航天技术、原子能、电力、电子技术及建筑等部门。如图 3-10 所示的挖掘机的挖铲等零件就是用板材焊接而成的。

3.2.1 概述

1. 焊接结构的特点

与其他成型方法比较，焊接结构具有以下特点：

(1) 适用范围广。适用于不同材料、尺寸、形状、厚度及生产批量的产品，如船体等。

(2) 使用灵活。焊接方法有很多种，适用于不同用途，可单独使用，也可与其他成型方法结合或作为其他成型方法的补充及最终组合成型。如汽车外壳、车门主要是采用压力加工方法成型的，通过焊接进行组装，而油箱等密闭容器则是利用焊接方法进行密封。

(3) 生产周期短。焊接组件常采用现成的板材、型材等预制件，没有制模工序。可减短生产周期。常用于试制品等的生产。

(4) 强度高。通常认为焊接组合的连接部位易出现开焊、开裂等现象，事实上，焊接部位的强度要比组件本体强度高。

(5) 造型能力较差。由于焊接件多数是由钣金、管材等型材通过焊接而成，对于复杂的曲面难于实现。

(6) 加工精度较低。焊接后的工件焊接部位表面质量通常较差，需在焊接后再进行加工来提高其精度。并且焊接产生一定的内应力，造成成品变形，需进行后处理步骤。

2. 焊接结构材料与方法的选择

在满足使用性能的前提下，应选用焊接性好的材料来制造焊接件。一般来说，含碳量低的碳钢和合金钢具有良好的焊接性能，应优先选用。

(1) 低碳钢。碳素钢中的低碳钢塑性好、淬硬倾向小，不易产生裂纹。但是还应注意在低温环境下焊接厚度大、刚性大的结构时，应进行预热，否则容易产生裂纹。重要结构焊接后要进行去应力退火以消除焊接应力。中碳钢有一定的淬硬倾向，焊接接头容易产生低塑性的淬硬组织和冷裂纹，焊接性较差，应采用焊前预热、焊后缓冷等措施减小淬硬倾向，减小焊接应力。高碳钢焊接性较差，多用于修理一些损坏件，应注意焊前预热和焊后缓冷。

(2) 低合金结构钢。低合金结构钢焊接的特点一是热影响区有较大的淬硬倾向，且随强度等级的提高，淬硬倾向亦显著增大；二是热影响区的冷裂纹倾向，也随着强度等级的提高而增大，在刚性较大的接头中，甚至会出现所谓的“延迟裂纹”。

(3) 铜及其合金。采用一般的焊接方法焊接性很差，裂纹倾向大，气孔倾向大，容易产生焊不透缺陷及合金元素氧化。通常采用氩弧焊、气焊、手弧焊和钎焊等方法，以氩弧焊的焊接质量最好。

(4) 铝及其合金。采用一般的焊接方法焊接性不好，极易氧化，易产生气孔，易产生裂纹。通常采用氩弧焊、电阻焊、钎焊和气焊等方法。

(5) 难熔金属。如钛、锆、钼、铌等由于焊接性较差，加热时会强烈吸收氧、氢和氮等气体，并由气体杂质污染引起性能变化和热循环造成显微结构的变化。通常采用氩弧焊、等离子焊和电子束焊等焊接方法。

3.2.2 焊接构件的结构

1. 焊接头的基本形式

焊接接头与坡口形式的选择应根据焊接结构形状、尺寸、材料、强度要求、焊接方法及加工难易程度等因素综合决定。手工电弧焊接头基本形式有四种，如图 3-11 所示。

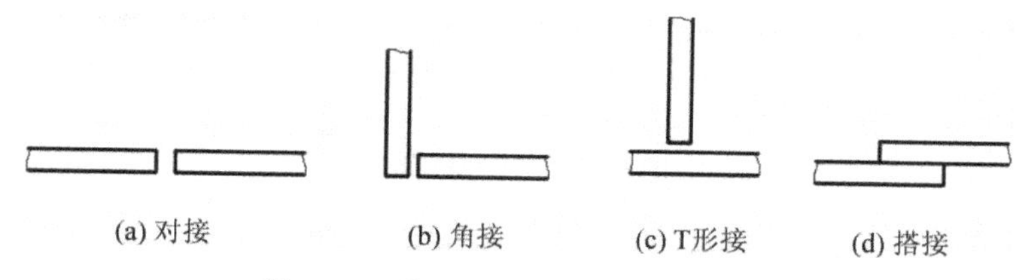

图 3-11 手工电弧焊接头的基本形式

对接接头受力较均匀、焊接质量易于保证，应用最广，应优先选用；角接接头和 T 形接头受力情况较对接接头复杂，但接头呈直角或一定角度时必须采用这两种接头形式。它们受外力时的应力状况相仿，可根据实际情况选用；搭接接头受力时，焊缝处易产生应力集中和附加弯矩。一般应避免选用，但不需要开坡口，焊前装配方便，对受力不大的平面连接也可选用，除搭接接头外，其余接头在焊件较厚时均需开坡口。

2. 坡口的基本形式

坡口的基本形式如图 3-12 所示。I 形坡口主要用于厚度较小的钢板的焊接；V 形坡口主要用于厚度为 3～26mm 钢板的焊接；U 形坡口主要用于厚度为 20～60mm 钢板的焊接；X 形坡口主要用于厚度为 12～60mm 钢板的焊接，需双面施焊。

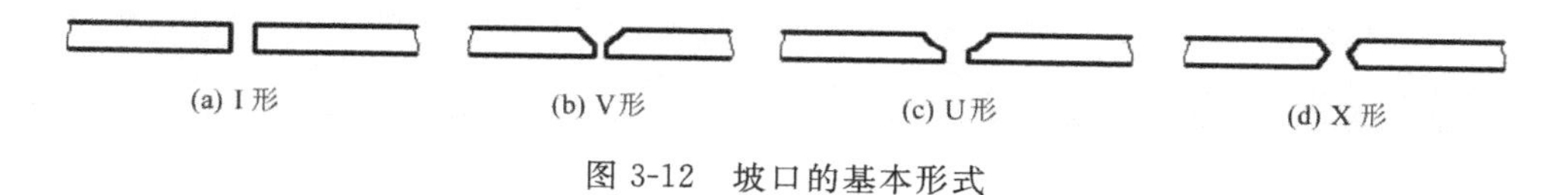

图 3-12 坡口的基本形式

点焊、缝焊多采用搭接接头。焊接时应尽量避免厚薄差别很大的金属板焊接，必须采用时，在较厚的板上应加工出过渡形式。

3. 焊缝布置原则

（1）便于施焊原则。焊缝设置必须具有足够的操作空间以满足焊接工艺需要。如图 3-13 所示。点焊与缝焊时，应考虑电极能达到焊接的部位，如图 3-14 所示。

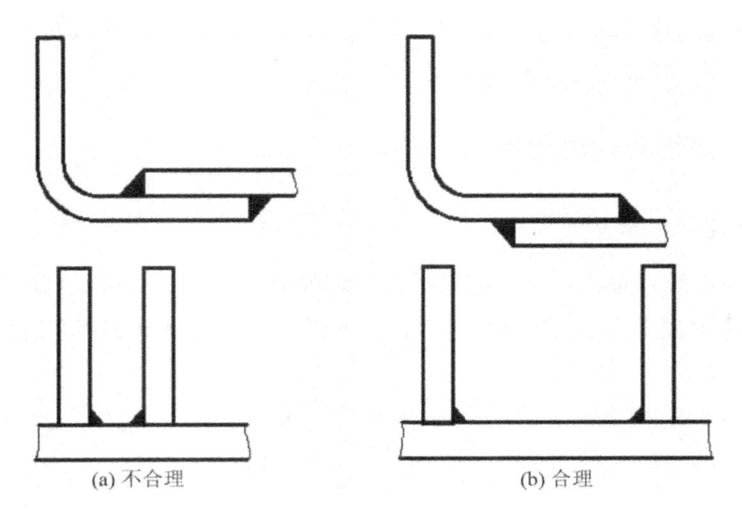

图 3-13　手工焊的焊缝位置

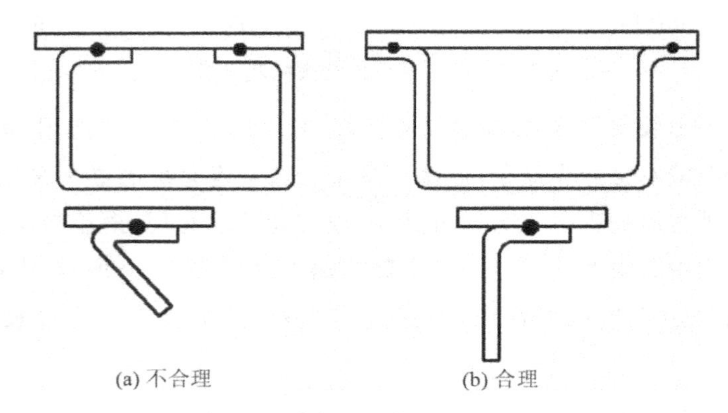

图 3-14　点焊及缝焊的焊缝位置

(2) 有利于减少焊接应力与变形原则。设计焊接结构时，应尽量选用尺寸规格较大的板材、型材。形状复杂的壳体可采用冲压件和铸钢件，以减少焊缝数量、简化焊接工艺和提高构件的强度与刚度。焊缝应对称布置。

(3) 避开最大应力区和应力集中部位原则。壳体在结构拐角处往往是应力集中部位，不应在此设计焊缝。

(4) 避开或远离机械加工面原则。设计焊缝时必须考虑焊接时会引起工件变形。焊接结构上的加工面有两种不同情况：对焊接结构的位置精度要求较高时，一般应在焊后再进行精加工；对焊接结构的位置精度要求不高时，可先进行机械加工再焊接，但焊缝位置与加工面要保持一定距离，以保证原有的加工面精度。

3.3 案例

【案例 3-1】 管材与板材的角接形式

如图 3-15 所示为管材与板材的角接焊缝形式。图 3-16 和图 3-17 为管板角接案例。

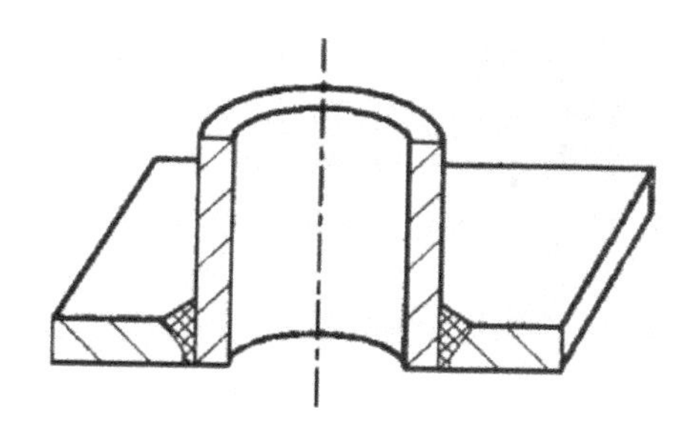

图 3-15　管板角接形式焊缝形式

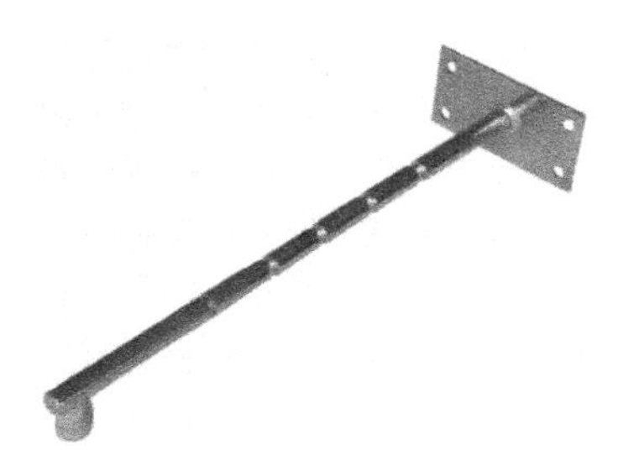

图 3-16　管板角接案例 1

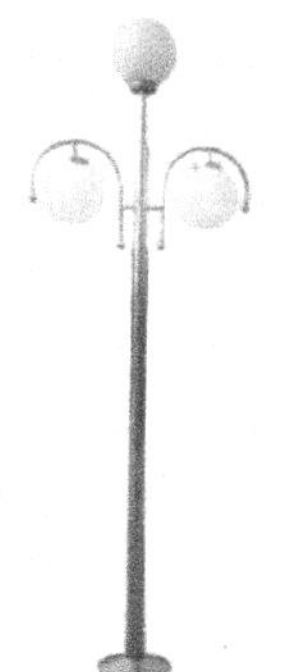

图 3-17　管板角接案例 2

【案例 3-2】 管材与管材的对接形式

如图 3-18 和图 3-19 所示为管管对接的案例。

图 3-18　管管对接案例 1

图 3-19　管管对接案例 2

【案例 3-3】 管材与板材的搭接形式

如图 3-20 所示为采用搭接工艺的不锈钢水槽。

图 3-20 搭接工艺的不锈钢水槽

第4章　塑料件结构

4.1　概述

塑料在工业产品方面的应用很广泛，但主要应用在壳体方面，本章主要介绍塑料壳体类产品的结构。

4.1.1　壳体的功能与作用

尽管各种产品的功能、用途及构成产品外壳的壳体的构造、材料不尽相同，但产品外壳的主要功能与作用是相同的。壳体的主要功能如下：

1. 包容作用

将产品构成的功能部件容纳于内。

2. 支撑作用

支撑、确定产品构成各零件的位置。

3. 防护作用

防止构成产品的零件受环境的影响、破坏，或防止其对使用者与操作者造成危险与侵害。

4. 美化作用

优美造型的壳体将产品复杂的功能部件容纳于内，起到装饰和美化作用。

4.1.2　壳体的结构要求

作为产品外壳的壳体，在满足强度等设计要求的基础上，通常采用薄壁结构，并设置有容纳、固定其他零部件的结构和方便安装、拆卸等结构。在具体结构设计上，除考虑其主要功能外，还应考虑以下几个要素：

1. 定位产品的组成零件

对于固定的零件和运动的零件在结构上需有不同的考虑。

2. 便于拆、装

考虑产品的组装、拆卸和维修、维护方便。壳体、箱体多设计成分体结构，各部分通过螺丝、锁扣等进行组合连接。对于长久使用或可能多次拆卸的产品，需考虑采用便于拆卸、耐用的结构，如在塑料壳上内嵌金属螺纹件。对经常拆卸的产品，需考虑采用便于快速拆卸、组装的结构。

3. 材料及加工、生产方式

产品的功能和使用目的决定产品外壳应采用的材料。产品的生产批量和成本等因素，决定其加工和生产方式，进而决定了壳体的结构设计。铸造件结构、冲压件结构、模塑结构在设计上考虑的因素和结构特点不同。

4. 装饰与造型

装饰与造型的设计应结合产品的功能、构件的材料及加工、生产方式进行。

4.1.3 壳体的结构设计步骤

1. 初步确定形状、主要结构和尺寸

考虑安装在内部与外部的零件形状、尺寸、配置及安装与拆卸等要求，综合加工工艺、所承受的载荷、运动等情况，利用经验参考同类产品，初步拟定结构方案。

2. 常规计算

利用材料力学、弹性力学等力学理论和计算公式进行强度、刚度和稳定性等方面的校核。

3. 静动态分析、模型或实物试验及优化设计

通常对于复杂和要求高的产品进行此步骤，并据此对设计方案进行修正和优化。

4. 制造工艺性和经济性分析

不同的零件结构形状，生产难度不同，导致生产成本不同；不同的结构参数也会导致不同的质量和生产成本。因此，对于不同的结构形状和参数方案，应进行制造工艺性的分析比较，选择既保证质量又经济性好的做为设计方案。

5. 完善结构细节

在整体结构设计完成后，还需完善结构细节，比如铸造圆角、倒角、脱摸斜度等。

4.2 塑料件的形状结构

4.2.1 塑料件的几何形状结构

好的塑料产品既要美观大方、好用，又要有好的结构工艺性。

塑料产品结构的几何形状包括：形状、壁厚、加强筋、支承面、脱模斜度、圆角、孔、标志与花纹等。

1. 塑料产品应尽量避免侧壁凹槽或与塑件脱模方向垂直的孔

这样可避免采用瓣合分型或侧抽芯等复杂的模具结构。如图 4-3 所示，其中图(a)需要采用侧抽芯或瓣合分型凹模(或凸模)结构，改为图(b)即可简化模具结构，可采用整体式凹模(或凸模)结构。

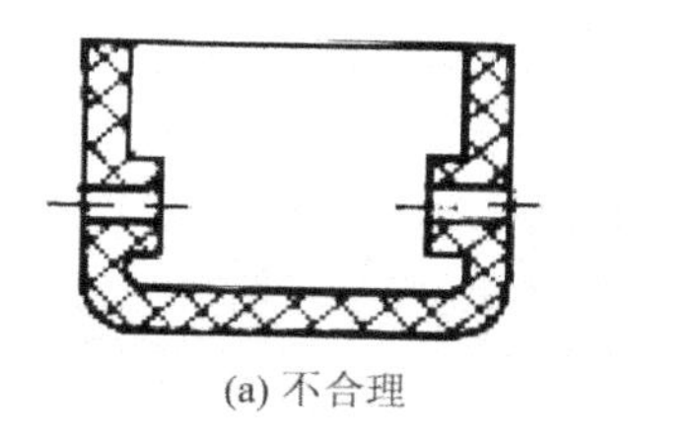

(a) 不合理

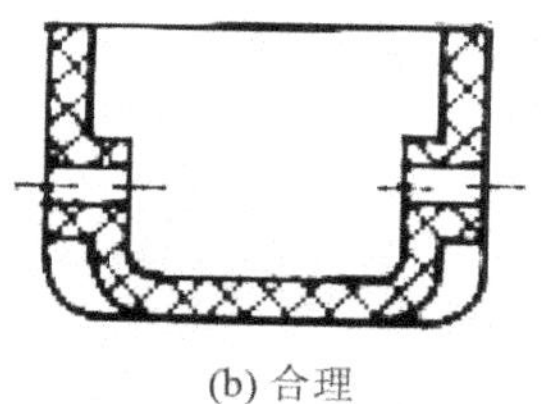

(b) 合理

图 4-3 塑料产品的几何形状

2. 强行脱模方式

对于较浅的内侧凹槽并带有圆角或斜面过渡结构的塑料件，同时成型塑件的材料为聚乙烯、聚丙烯、聚甲醛等带有足够弹性的塑料，可利用塑料在脱模温度下具有足够弹性的特性以强行脱模的方式脱模，而不必采用组合型芯的方法。如图 4-4 所示的防滑凹槽。为使强制脱模时的脱模阻力不要过大，而引起塑件损坏和变形，塑件侧凹深度必须在要求的合理范围内，并要有避位空间。

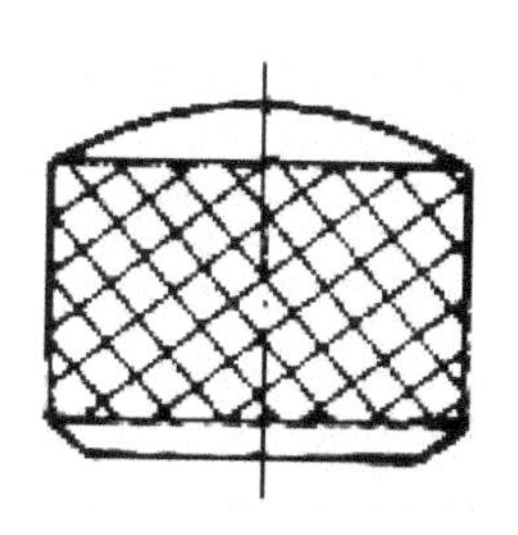

图 4-4 强行脱模的防滑凹槽

3. 塑料产品的形状要有利于提高塑料件的强度

为了提高注塑产品结构的刚性，减少变形，应尽量避免平板结构，合理设置翻边和凹凸结构，或把薄壳状的塑料产品设计成球面或拱形曲面。如图 4-5 所示。对于薄壁容器的边缘可按如图 4-6 所示的设计来增加强度和减少变形。

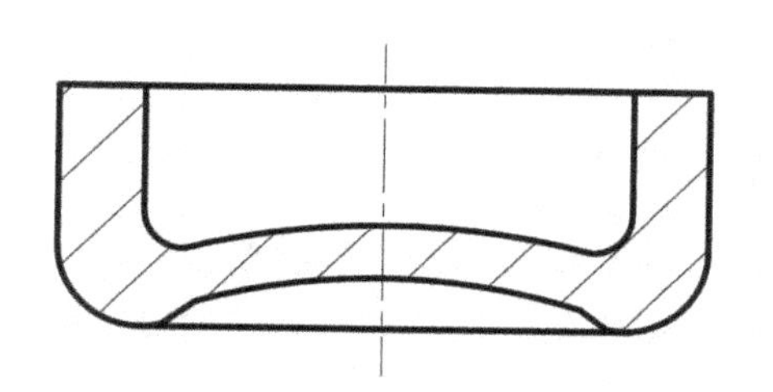

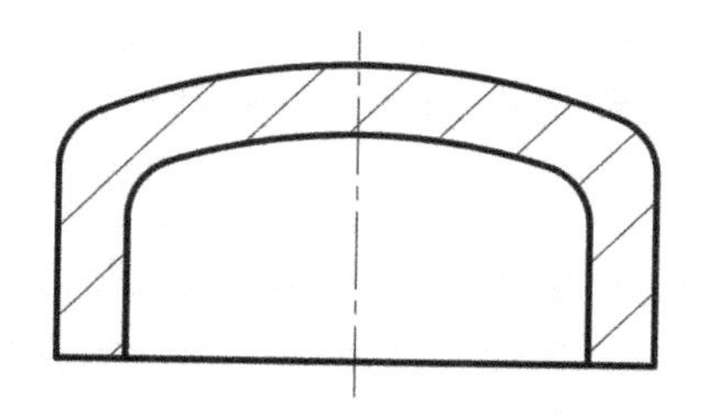

图 4-5 薄壳状的底和盖增加强度结构

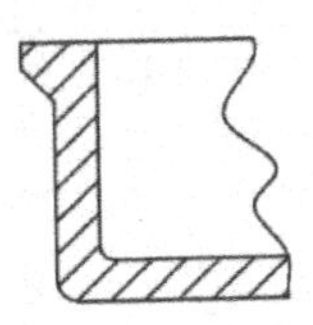
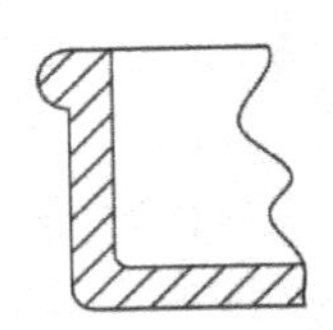
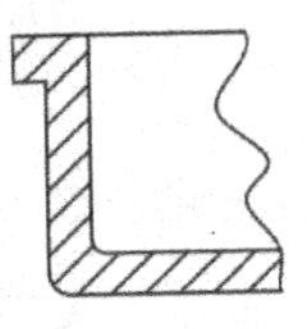
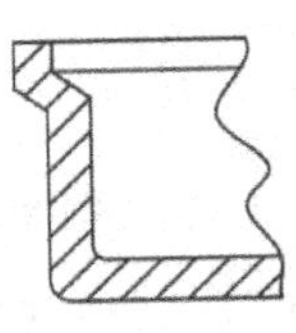
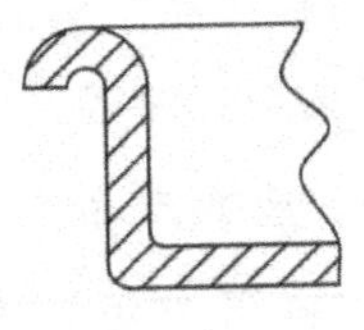

图 4-6　增加塑料件边缘强度的结构

4. 紧固用的凸耳或台阶应有足够的强度

紧固用的凸耳或台阶用来承受连接时的作用力，应避免台阶的突然过渡和尺寸过小，如图 4-7 所示。

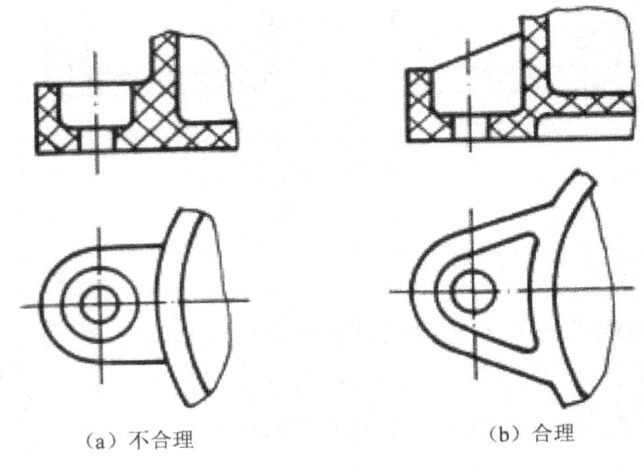

图 4-7　塑料连接用凸耳结构

5. 避免加胶容易减胶难

产品设计时要注意加胶容易减胶难的问题。对一些要进行紧配合的产品，一般可先行做松一点，然后再进行适当的加胶。因一般加胶在改模时只要用铜公（铜公是火花机放电加工用的电极，用铜公作为电极的火花机放电加工，主要用于模具的型腔加工，也就是模具的核心关键部位。）再打一次火花即可，减胶则要烧焊，工艺麻烦。

6. 孔应尽量做成圆孔

因圆形孔易加工，圆形件一般采用车削加工，加工方便，而其他形状的零件要线切割或铣削加工。如图 4-8 所示。

7. 尽量做成穿插孔结构，避免做成行位结构

为了使模具结构简单，产品应尽量做成穿插孔结构，避免做成行位结构。

此外，塑料产品的形状还应考虑成型时分型面位置，脱模后不易变形等。

总之，塑料产品的形状必须便于成型以简化模具结构、降低成本、提高生产率和保证塑料件的质量。

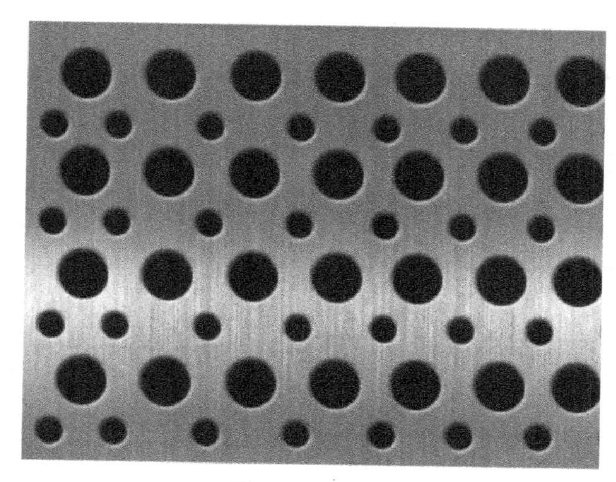

图 4-8 圆孔

4.2.2 塑料产品的壁厚

任何塑料产品均需要有一定的壁厚。这是因为塑料在成型时要有良好的流动性,并保证产品有足够的强度和刚度,也便于从模具里顶出产品。利用注塑工艺生产产品时,由于塑料在模腔中的不均匀冷却和不均匀收缩以及产品结构设计的不合理,容易引起产品的各种缺陷:缩印、熔接痕、气孔、变形、拉毛、顶伤、飞边等。

塑料产品的外壳壁厚取决于塑料件的使用条件,即强度、结构、电性能、尺寸稳定性以及装配等各项要求。

合理地选择塑料件壁厚很重要。壁厚过大,不仅浪费原料,增加塑料制品的成本,而且增加成型时间和冷却时间,延长模塑周期,降低生产率,还容易产生气泡、缩孔等缺陷;壁厚过小,成型时流动阻力大,大型复杂塑料产品就难以充满型腔,而且不能保证塑料产品的强度。

热塑性塑料产品壁厚一般在 0.5～4mm,最常用的数值为 2～3mm;如果强度不够,应采用加强筋结构。根据塑料品种、塑料产品大小及成型工艺条件,大型塑料产品的壁厚也可大至 6mm 或更大。

塑料产品的壁厚应力求均匀、厚薄适当,厚薄差别尽量控制在基本壁厚的 25%以内,以减少应力的产生。壁厚差太大时,易形成“沉陷点”或产生翘曲。为此,常将厚的部分挖空,采用适当的修饰半径以缓慢过渡厚薄部分的空间。壁厚设计对比如图4-9所示。

一般情况下:

(1) 平均壳体厚度≥1.2mm。

(2) 周边壳体厚度≥1.4mm。

(3) 壁厚突变不能超过 1.6 倍。

(4) 筋条厚度与壁厚的比例不大于0.75。

(5) 可接触的外观面不允许尖角，应做成圆角半径$R \geqslant 0.3$mm。

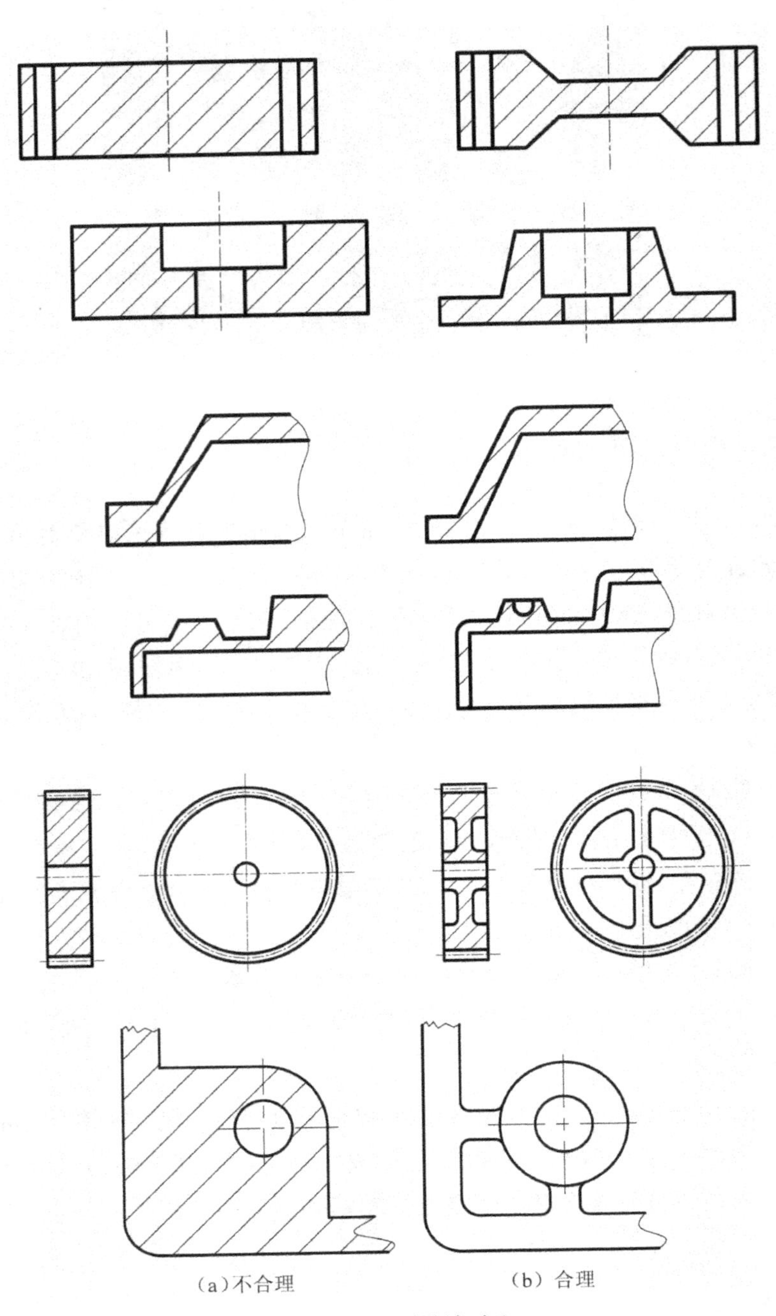

(a)不合理　　(b) 合理

图 4-9　壁厚设计对比

塑料制品的最小壁厚及常见壁厚推荐值见表 4-1。

表 4-1　塑料制品的最小壁厚及常见壁厚推荐值

塑料制品的最小壁厚推荐值(单位 mm)				
工程塑料	最小壁厚	小型制品壁厚	中型制品壁厚	大型制品壁厚
尼龙(PA)	0.45	0.76	1.50	2.40～3.20
聚乙烯(PE)	0.60	1.25	1.60	2.40～3.20
聚苯乙烯(PS)	0.75	1.25	1.60	3.20～5.40
有机玻璃(PMMA)	0.80	1.50	2.20	4.00～6.50
聚丙烯(PP)	0.85	1.45	1.75	2.40～3.20
聚碳酸酯(PC)	0.95	1.80	2.30	3.00～4.50
聚甲醛(POM)	0.45	1.40	1.60	2.40～3.20
聚砜(PSU)	0.95	1.80	2.30	3.00～4.50
ABS	0.80	1.50	2.20	2.40～3.20
PC+ABS	0.75	1.50	2.20	2.40～3.20

4.2.3　塑料产品的脱模斜度

塑料成型后塑料产品紧紧抱住模具型芯或型腔中凸出部位，给取出产品带来困难。为便于从模具内取出产品或从产品内抽出型芯，设计塑料产品结构时，必须考虑足够的脱模斜度。脱模斜度又称拔模斜度、出模斜度。如图 4-10 所示。塑料产品的内表面、外表面沿脱模方向均应有脱模斜度，必须限制在制造公差范围内。所取数值按经验确定，一般脱模斜度为 1°～2°，最小为 0.5°。

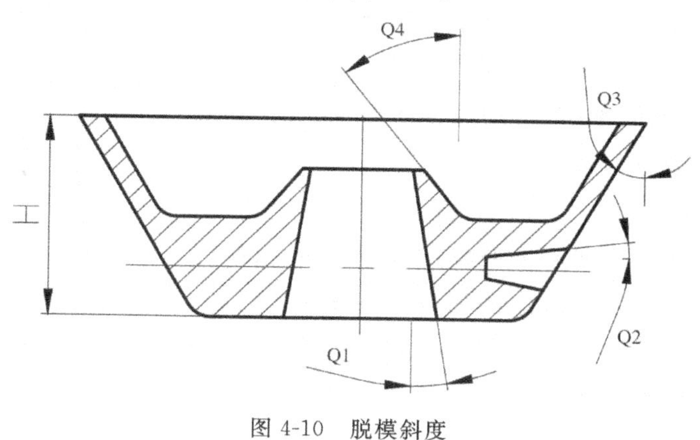

图 4-10　脱模斜度

塑料产品的凸起或加强筋，单边应有 4°～5°的脱模斜度。

厚壁产品会因壁厚使成型收缩增大，故斜度应放大。若斜度不妨碍产品的使用，则可将斜度值取大些。

热固性塑料较热塑性塑料收缩小些，脱模斜度也相应小些。复杂及不规则形状的产品其斜度应大些。

内表面斜度比外表面斜度应大些。不通孔深度小于 10mm，外形高度不大于 20mm 时，允许不设计斜度。有时根据产品预留的位置来确定脱模斜度。若为了在开模后让产品留在凸模上，则可有意将凸模斜度减小，而将凹模斜度放大，反之亦然。总之，在满足塑料产品尺寸公差要求的前提下，脱模斜度可以取大些。

4.2.4　塑料产品的加强筋

加强筋的作用不仅可以提高塑料产品的强度和刚度，减少扭歪现象，而且可以使塑料成型时容易充满型腔。如图 4-11 所示。

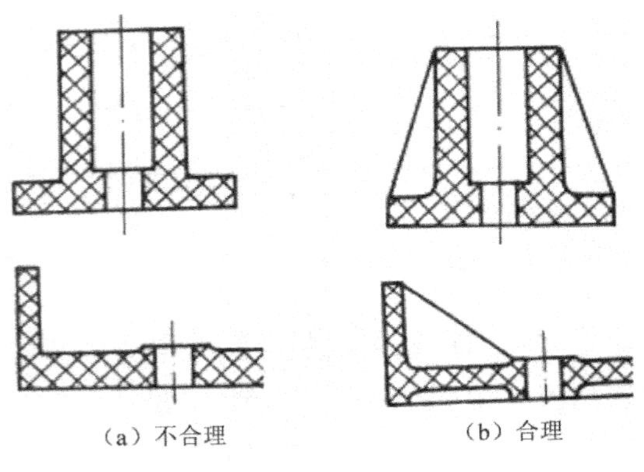

(a) 不合理　　(b) 合理

图 4-11　加强筋

设计加强筋时应注意以下问题：

(1) 加强筋的厚度应小于被加强的产品壁厚，防止连接处产生凹陷。

(2) 加强筋的高度不宜过高，否则会使筋部受力破坏，降低自身刚性。如图 4-12 所示为加强筋尺寸比例关系。如图 4-13 所示，图 4-13(a)的加强筋底部厚度等于壁厚，高度较高，在交汇处产生缩印。图 4-13(b)的加强筋底部厚度为壁厚的一半，高度较矮，不易产生缩印。为了增加产品的刚度，应增加加强筋的数目而不

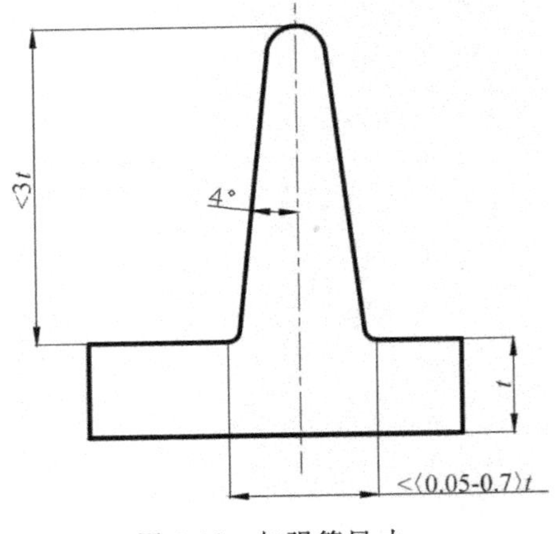

图 4-12　加强筋尺寸

应增加其高度。如图4-14所示为筋板的设计尺寸图。

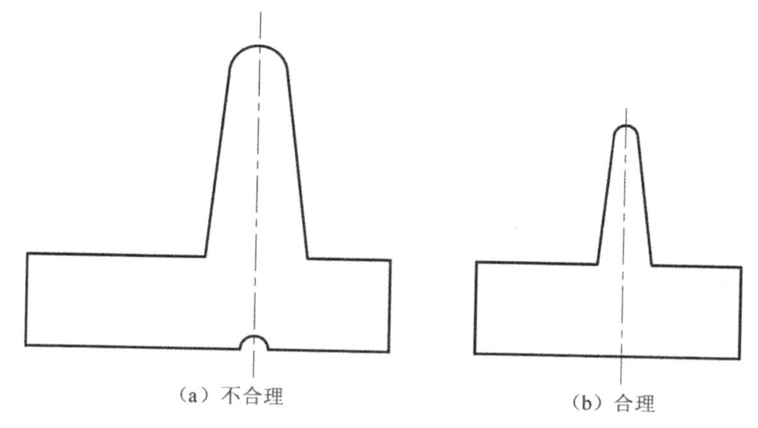

图 4-13　加强筋的尺寸、厚度、高度与凹陷的关系

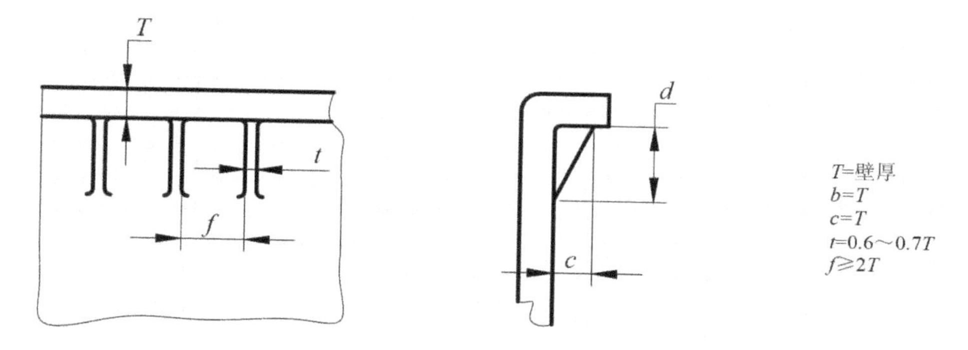

图 4-14　筋板的设计尺寸图

(3) 加强筋的斜度可大些，一般应大于 1.5°，避免顶伤，以利脱模。

(4) 使多数加强筋的方向与型腔塑料的流向一致，避免塑料流向的干扰而损害产品的质量。

(5) 多条加强筋要分布得当，排列相互错开，以减少收缩不均。加强筋与支承面如图 4-15 所示。加强筋的端面不应与支承面相平，至少低于支承面 0.5mm。

(6) 一般加强筋都是加斜骨，目的是避免困气，有利于注塑及强度。

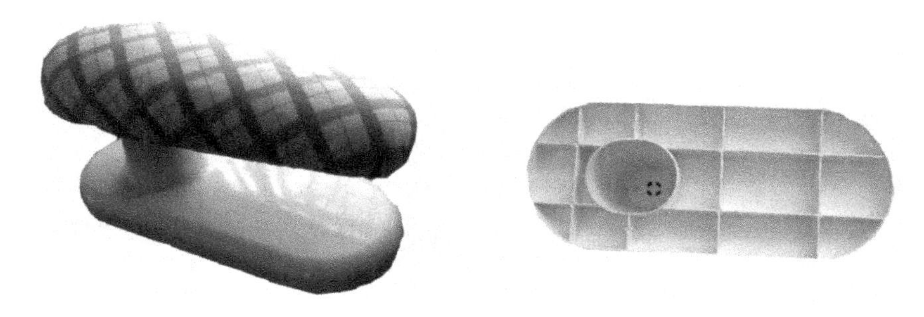

图 4-15　熨衣架的加强筋

4.2.5 塑料产品的底部支承面

因为面越大越不易作平，要使整平面达到绝对平直是做不到的，所以塑料产品的底部支承面不能设计成整平面结构，以采用凸台结构效果较好。凸台以 3 个为好，高度应高出平面 0.5mm 以上，位置应均匀设置在制品的边角，有足够的强度、适宜的脱模斜度和过渡联接。如图 4-16 所示。

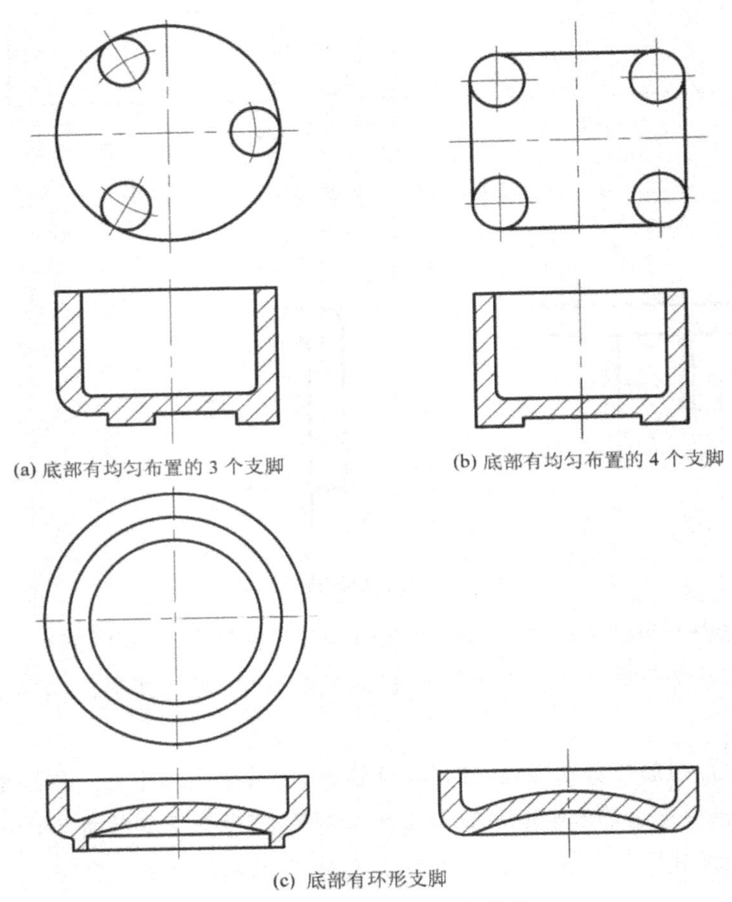

(a) 底部有均匀布置的 3 个支脚

(b) 底部有均匀布置的 4 个支脚

(c) 底部有环形支脚

图 4-16 底部支承面凸台结构

4.2.6 塑料产品上的孔

在塑料件上开孔使其和其他部件相接合或增加产品功能上的组合是常用的手法，孔的大小及位置应尽量不对产品的强度构成影响或增加生产的复杂性。以下是在设计孔时需要考虑的几个因素。

1. 塑料件上的通孔

孔的位置应尽可能设置在最不易削弱塑料产品强度的地方，在相邻孔之间以及孔和零件边缘之间，均应留出适当的距离，相连孔的距离 L2 或孔与相邻产品直边之间的距离 L1、L3 不可小于孔的直径。如图 4-17 所示。孔的壁厚应尽量大，否则穿孔位置容易产生断裂的情况。如果孔内附有螺纹，设计上的要求即变得复杂，因为螺纹的位置容易形成应力集中。螺孔边缘与产品边缘的距离须大于螺孔直径的三倍。从装配的角度来看，通孔的应用较盲孔为多，而且较盲孔容易生产。从模具设计的角度来看，穿孔的设计在结构上亦较好，因为用来穿孔成型的边钉的两端均可受到支撑。通孔的做法可以是靠单一边钉两端同时固定在模具上或两只边钉相接而各有一端固定在模具上。一般来说，第一种方法被认为是较好的；应用第二种方法时，两条边钉的直径应稍有不同以避免因为两条边钉轴心稍有偏差而导致产品出现倒扣的情况，而且相接的两个端面必须磨平。

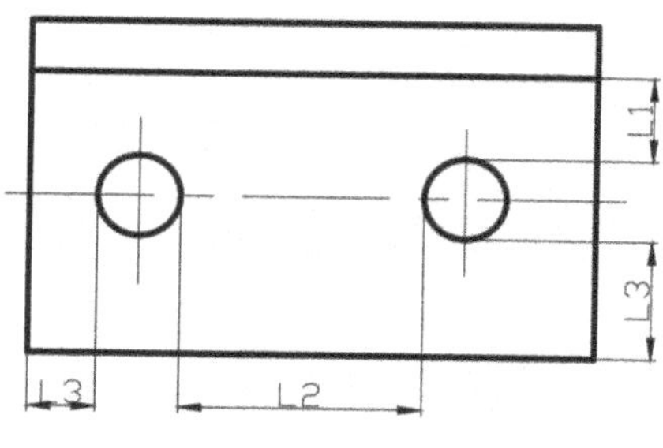

图 4-17 孔的相关尺寸

2. 盲孔

盲孔是靠模具上的哥针形成的，而哥针的设计只能单边支撑在模具上，熔融的塑料很容易使其弯曲变形，造成盲孔出现椭圆的形状，所以哥针的长度不能过长。一般来说，盲孔的深度应小于直径的两倍，盲孔的长径比一般不超过 4mm。如果盲孔的直径≤1.5mm，盲孔的深度则不应大于直径的尺寸。盲孔底壁厚度不能小于孔径的 1/6，否则易出现如图 4-18 所示的变形。

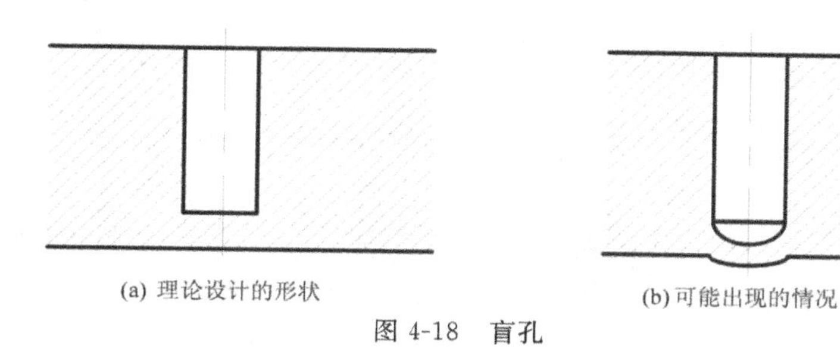

(a) 理论设计的形状

(b) 可能出现的情况

图 4-18 盲孔

3. 台阶孔

台阶孔是多个不同直径同轴相连的孔，孔的深度比单一直径的孔长。此外，将模具件部分孔位挖空，亦可将孔的深度缩短。如图 4-19 所示。

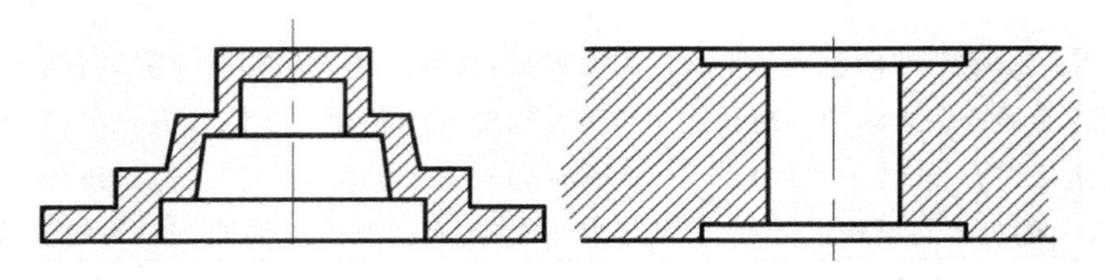

图 4-19 台阶孔结构

4. 斜孔

孔的轴向和开模方向一致，可以避免抽芯。对于斜孔与形状复杂孔的成型方法，可采用拼合型芯来完成，以避免侧抽芯结构。如图 4-20 所示，将如图(a)所示的侧抽孔改进为如图(b)所示的沿脱模方向的孔。

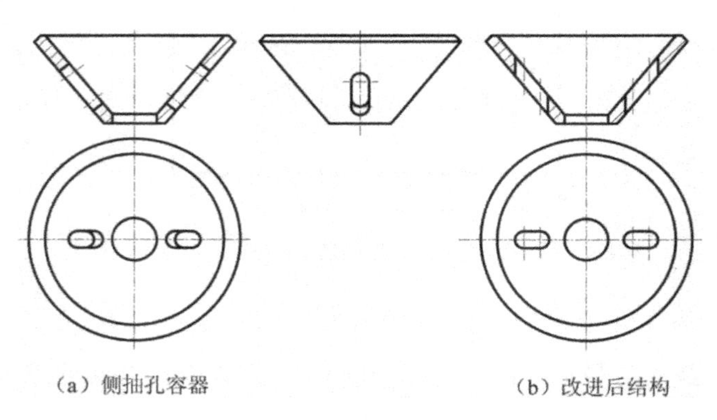

(a) 侧抽孔容器　　(b) 改进后结构

图 4-20 斜孔结构改进

5. 侧孔及侧凹

塑料产品上出现侧孔及侧凹时，为便于出模，必须设置滑块或侧抽芯结构，从而使模具结构复杂，成本增加，可对产品的结构加以改进。如图 4-21 所示，将图(a)所示的带侧孔改变为图(b)所示的侧凹。

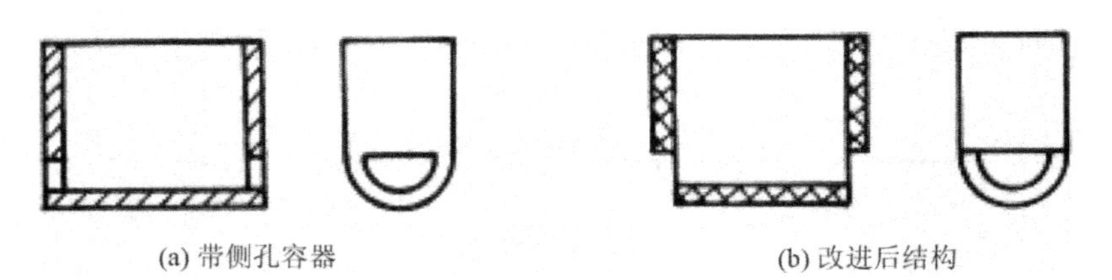

(a) 带侧孔容器　　(b) 改进后结构

图 4-21 侧孔结构改进

6. 孔的边缘结构

在孔边缘设计一个完整的倒角或圆角是不合理的，孔的边缘应预留至少 0.4mm 的直身位结构。可参考如图 4-22 所示的孔边缘的设计结构。

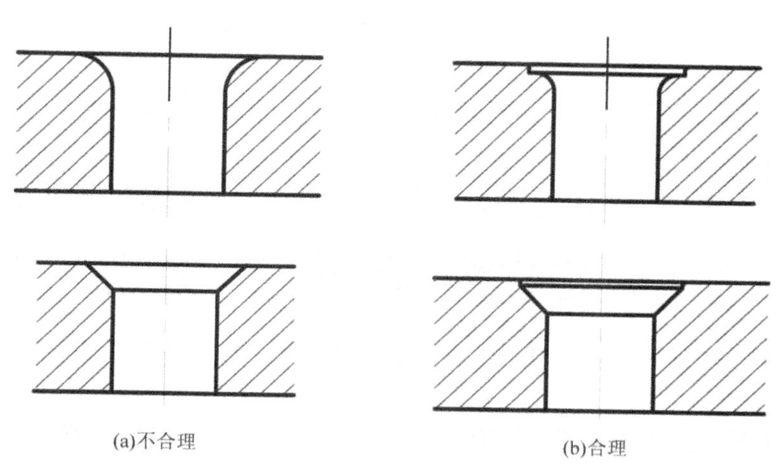

图 4-22　孔的边缘结构

7. 脱模斜度

当孔的长径比大于 2 时，应设置脱模斜度。

4.2.7　塑料产品的圆角

在塑料产品的拐角处设置圆角，可增加产品的强度，改善成型时材料的流动性，也有利于产品的脱模。因此，在设计塑料产品结构时，应尽可能采用圆角。在两部位交接处的内、外角上采用圆弧过渡能减小应力集中，避免和模具型腔开裂。设置合理的圆角，还可以改善模具的加工工艺，如型腔可直接用 R 刀铣加工，而避免低效率的电加工。为使壁的厚度一致，外圆弧半径应是壁厚的 1.5 倍，内圆弧半径是壁厚的 0.5 倍。塑料产品所有拐角处均应设置圆弧过渡。

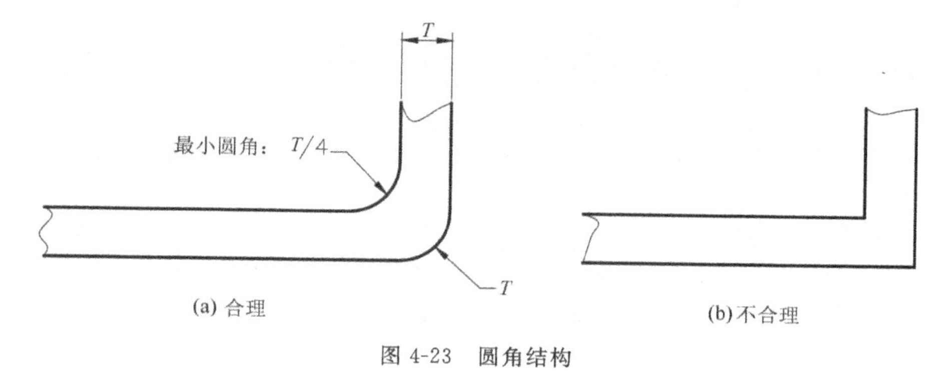

图 4-23　圆角结构

4.2.8 塑料产品的标志和花纹

根据装饰或某种使用上的要求,塑料产品上常需要直接制出花纹、标记、符号及文字。为了工艺上的要求及方便模具制造,塑料产品侧壁的花纹或文字等是依靠侧壁斜度保证脱模。

塑料产品上的标记、符号或文字可以设计成三种不同的形式。第一种为凸字,它在模具制造时比较方便,可用机械或手工将字雕刻在模具上,但使用过程上凸字容易损坏,如图 4-22 所示。第二种为凹字,它可以填上各种颜色的油漆,使字迹更为鲜明。这种形式如果用机械加工模具则较麻烦,现在多采用电铸、冷挤压或电火花方法来制造模具。第三种为凹坑凸字,在凸字的周围带来凹入的装饰框。制造这种结构形式模具可以采用镶块,镶入模具体中。这种形式制造比较方便,凸字在使用时也可避免碰坏及磨损。

产品标识一般设置在产品内表面较平坦处,并采用凸起形式,选择其所在面的法向方向与脱模方向尽可能一致的面处设置标识,可以避免拉伤。

花纹还应注意其凸凹纹方向与脱模方向的一致性。如图 4-23 所示。

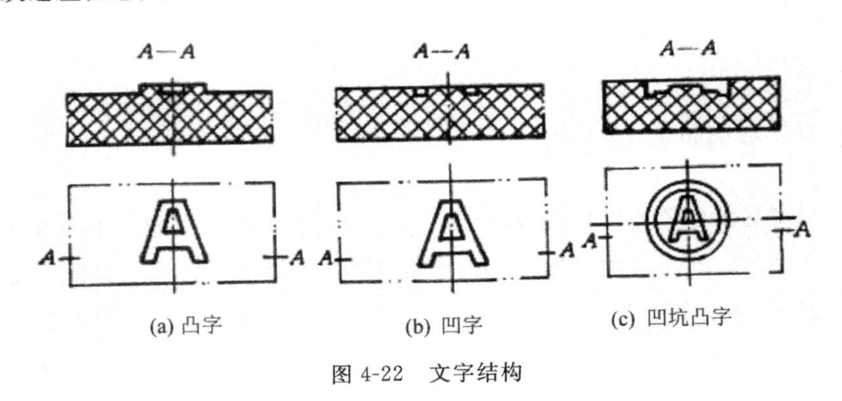

(a) 凸字　(b) 凹字　(c) 凹坑凸字

图 4-22　文字结构

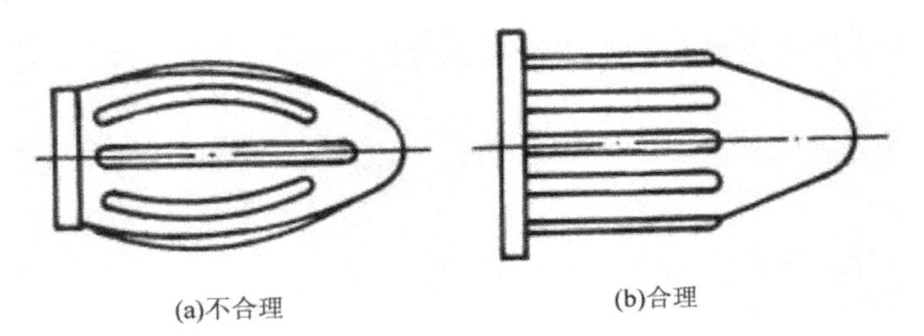

(a)不合理　(b)合理

图 4-23　防滑花纹

外形尽量简单平直少凸台,如图 4-24 所示为凸台结构示例。

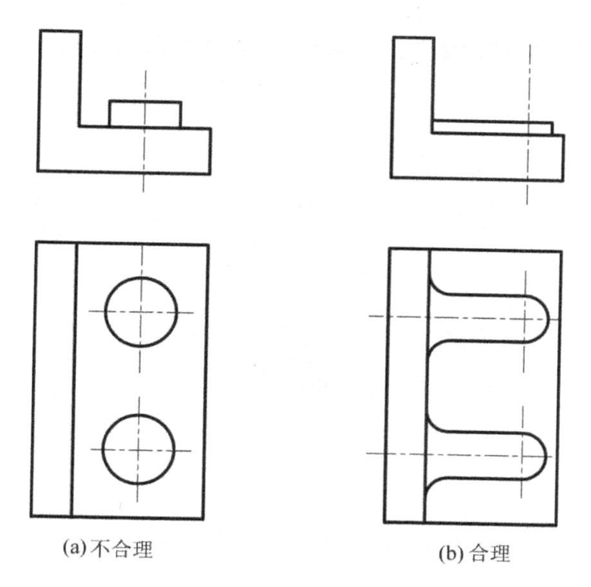

图 4-24　凸台结构

4.2.9　支柱结构

支柱通常是用作连接两件部件的。其外径应是内孔径的两倍，高度不应超过外径的两倍。当支柱离零件边壁较远时，尽量避免独立一支支柱而无任何支撑。应加加强筋加强支柱的强度，如图 4-25 所示。当支柱离零件边壁不远应以筋骨将柱和边相连在一起，如图 4-26 所示。

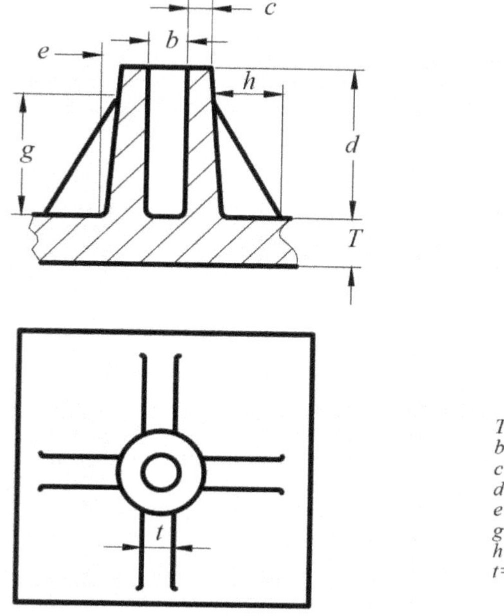

T=壁厚
b=支柱顶部圆孔之直径
$c=0.6T$
$d=3T$
e=斜度1/20
$g=0.9d$
$h=(0.3\sim1)g$
$t=0.5t$

图 4-25　支柱远离外壁时的支柱结构

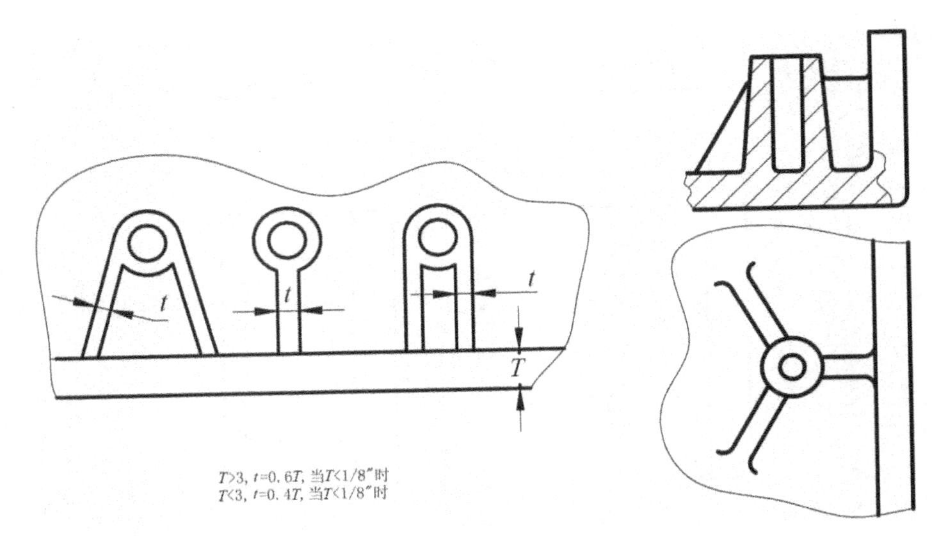

图 4-26　支柱靠近外壁时的支柱结构

用于自攻螺丝的螺丝柱的设计原则：其外径应该是螺丝钉外径的 2.0～2.4 倍。设计时可按下列关系计算：螺丝柱外径＝2×螺丝外径；螺柱内径（ABS，ABS＋PC）＝螺丝外径－0.4mm；螺柱内径（PC）＝螺丝外径－0.30mm（或－0.35mm）（可以先按 0.30mm 来设计，待测试通不过再修模加胶）。

不同材料、不同螺丝的螺丝柱孔设计参数如表 4-2 和表 4-3 所示。

表 4-2　普通牙螺丝不同材料、不同螺丝的螺丝柱孔参数

螺丝规格	普通牙螺丝											
	φ2.0		φ2.3		φ2.6		φ2.8		φ3.0		φ3.5	
材料	孔径	公差	孔径	公差	孔径	公差	孔径	公差	孔径	公差	孔径	公差
ABS	1.7	0 −0.05	1.9	+0.05 0	2.2	0 −0.05	2.4	0 −0.05	2.5	+0.05 0	2.9	+0.05 −0.05
PC	1.7	+0.05 0	2.0	0 −0.05	2.3	0 −0.05	2.4	+0.05 0	2.6	0 −0.05	3.0	+0.05 −0.05
POM	1.6	+0.05 0	1.8	+0.05 0	2.1	+0.05 0	2.3	0 −0.05	2.4	+0.05 0	2.8	+0.10 0
PA	1.6	+0.05 0	1.8	+0.05 0	2.1	+0.05 0	2.3	0 −0.05	2.4	+0.05 0	2.8	+0.10 0
PP					2.0	+0.10 0	2.2	+0.05 −0.05	2.3	+0.10 0	2.7	+0.10 0
PC＋ABS	1.7	+0.05 0	2.0	0 −0.05	2.3	0 −0.05	2.4	+0.05 0	2.6	0 −0.05	3.0	+0.05 −0.05

表 4-3　快牙螺丝不同材料、不同螺丝的螺丝柱孔参数

螺丝规格	快牙螺丝											
	φ2.0		φ2.3		φ2.6		φ2.8		φ3.0		φ3.5	
材料	孔径	公差	孔径	公差	孔径	公差	孔径	公差	孔径	公差	孔径	公差
ABS	1.6	+0.05 0	1.9	0 −0.05	2.1	+0.05 0	2.3	0 −0.05	2.5	0 −0.05	2.9	+0.05 −0.05
PC	1.6	+0.05 0	1.9	+0.05 0	2.2	+0.05 0	2.4	0 −0.05	2.6	0 −0.05	3.0	+0.05 −0.05
POM	1.6	0 −0.05	1.8	+0.05 0	2.0	+0.05 0	2.2	+0.05 0	2.4	+0.05 0	2.8	+0.05 0
PA	1.6	0 −0.05	1.8	+0.05 0	2.0	+0.05 0	2.2	+0.05 0	2.4	+0.05 0	2.8	+0.05 0
PP					2.0	+0.05 0	2.1	+0.10 0	2.3	+0.05 −0.05	2.7	+0.05 −0.05
PC+ABS	1.6	+0.05 0	1.9	+0.05 0	2.2	+0.05 0	2.4	0 −0.05	2.6	0 −0.05	3.0	+0.05 −0.05

4.3　塑料件的装配结构

4.3.1　卡扣连接结构

MP3 的上下壳体、电池门与壳体均靠卡扣连接结构连接，如图 4-27 所示。

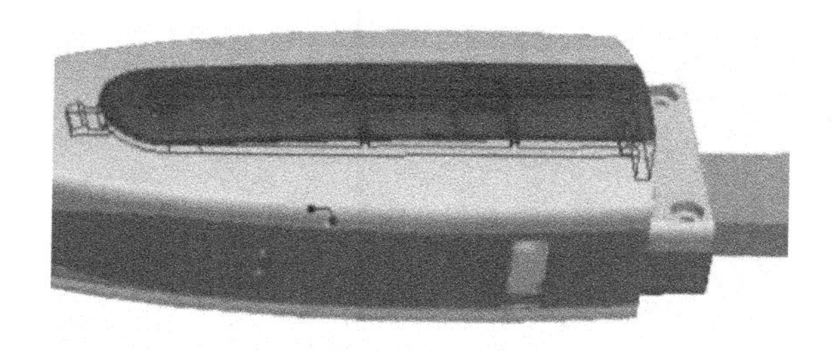

图 4-27　电池门与壳体的连接结构

常见电池门卡扣结构剖面图，如图 4-28 所示。

常见的包袋的卡扣结构，如图 4-29 所示。

卡扣有很多种类，如环形卡扣，如图 4-30 所示。

永久式单边扣，如图 4-31 所示。可拆卸式单边扣，如图 4-32 所示。

需施加另一边外力才可拆卸的单边扣，如图 4-33 所示。

球形卡扣，如图 4-34 所示。

设计卡扣结构时，应注意预留弹性变形空间。

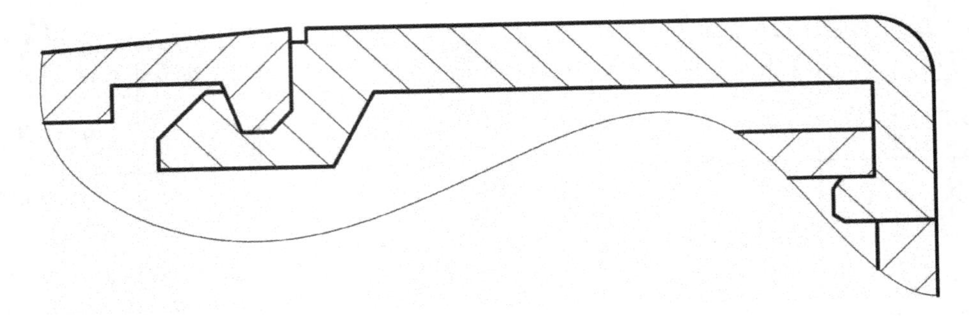

图 4-28　常见电池门卡扣结构剖面图

图 4-29　常见包袋卡扣结构示例

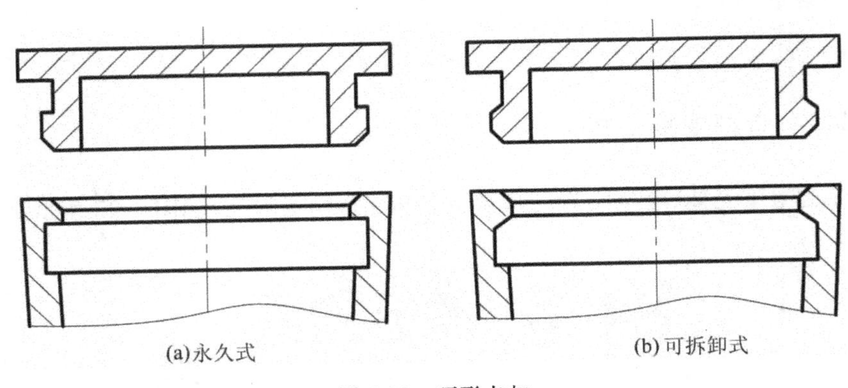

图 4-30　环形卡扣

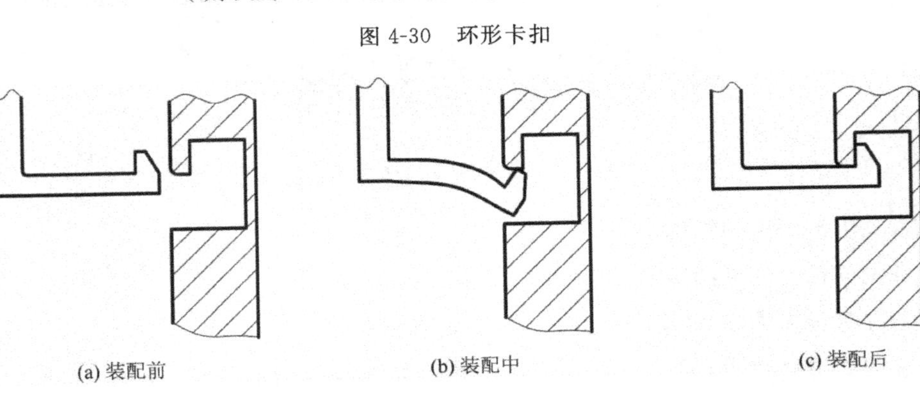

图 4-31　永久式单边扣

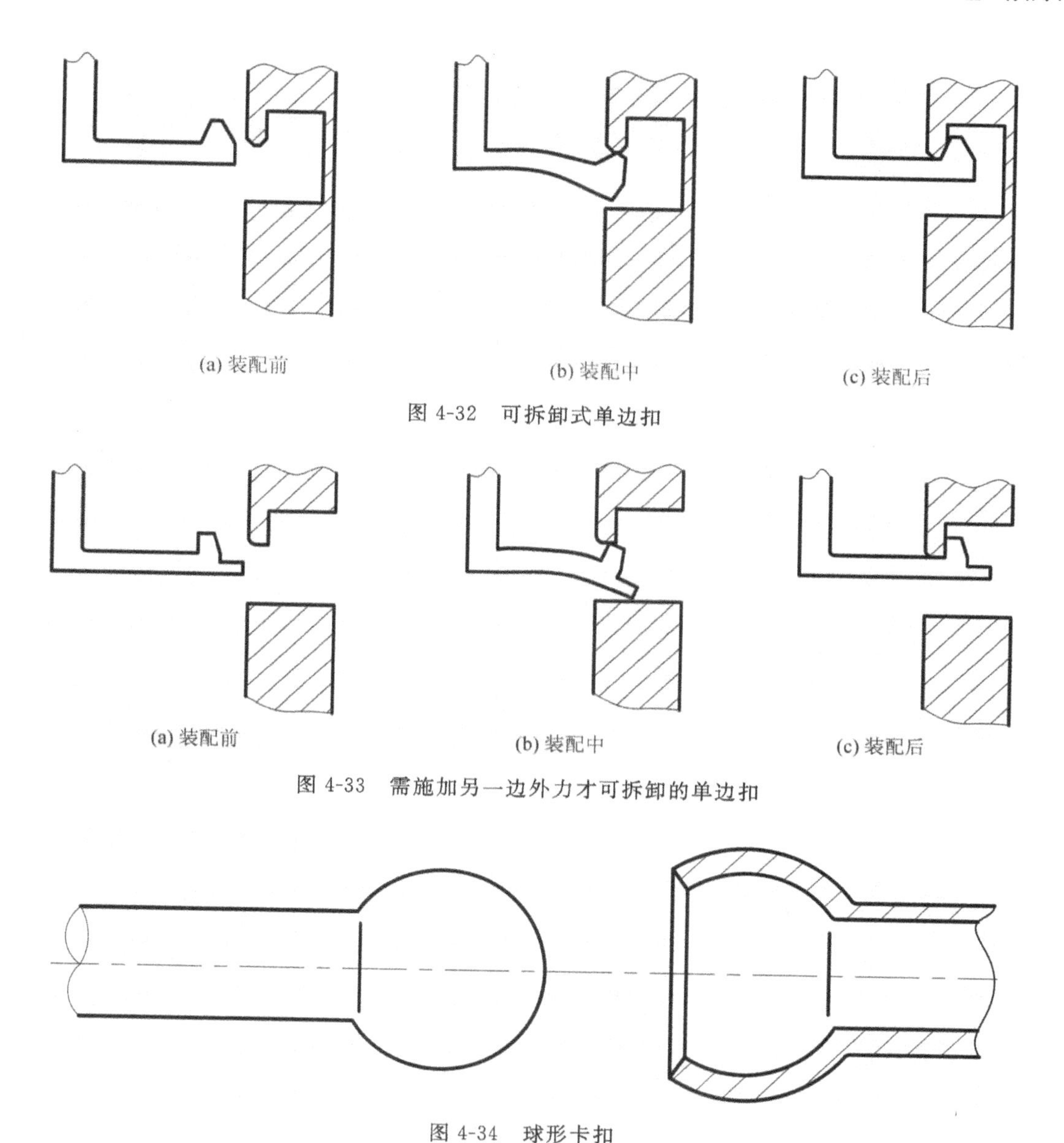

(a) 装配前　(b) 装配中　(c) 装配后

图 4-32　可拆卸式单边扣

(a) 装配前　(b) 装配中　(c) 装配后

图 4-33　需施加另一边外力才可拆卸的单边扣

图 4-34　球形卡扣

4.3.2　止口结构

塑料材质的面壳和底壳在连接装配结构时，为了有效地隔断内部空间与外界的导通，阻隔灰尘/静电等的进入，保证面壳和底壳壳体的定位及限位，一般情况下应设置止口结构。

由于塑料具有塑形变形量大的特质，为了塑料产品的外形美观，保证塑料件结合处的链接质量，一般应在结合的两件之间留美工槽。如图 4-35 所示。

图 4-35　鼠标

1. 常见的止口结构设计的注意事项

(1) 保证止口有足够的配合面积，一般情况下，止口宽为 0.65mm，高度为 0.8mm。

(2) 为了方便装配，非配合面的止口深度间隙设置为 0.15mm，非配合面的止口深度间隙 B 应该比止口配合面单边间隙 A 大。因为 B 间隙过小会导致两配合零件的外观美工槽缝隙过大。一般情况下，产品中小型的件都可以参考 $A=0.01\text{mm}$，$B=0.15\text{mm}$，大件可以适当增大。止口配合面设置 5°拔模斜度。如图 4-36 所示。

(3) 美工槽尺寸为 0.3mm×0.3mm～0.5mm×0.5mm。

(4) 设计美工槽时，一般情况下，在后装配的零件上设置凸止口，在先装配的零件上设置凹止口。

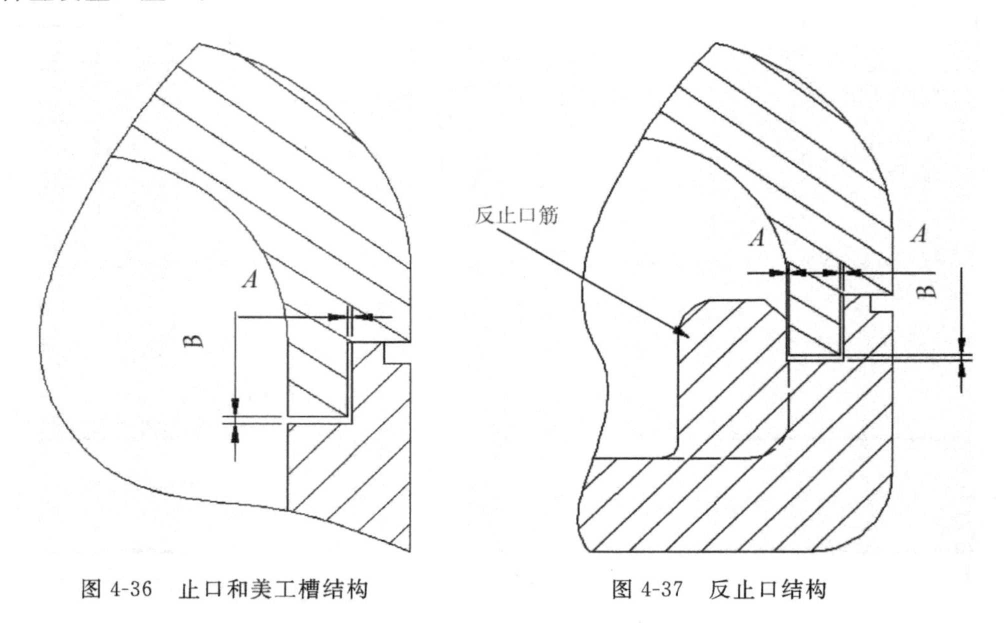

图 4-36 止口和美工槽结构　　图 4-37 反止口结构

2. 反止口结构

为了增加产品的连接强度，防止产品变形、保证两零件之间的间隙和定位，需要对有止口的产品添加反止口。反止口的尺寸大小既要保证其强度，又要防止产品表面缩水。为了方便装配和模具成型，反止口结构上应设置倒角。如图 4-37 所示。

4.3.3 上下壳体结合处孔的结构

为了减少模具行位，安装方便，上下壳体结合处的孔应由上下壳体两部分组成。如图 4-38 所示，鼠标上下壳体结合处连接线的孔由上下两部分组成，并应注意避免尖角结构。

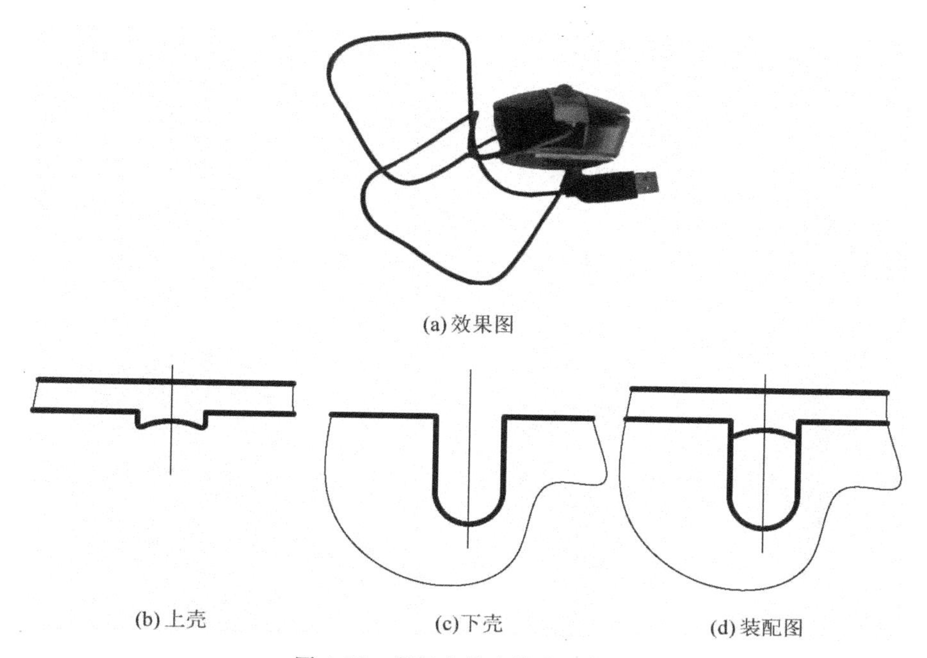

(a)效果图

(b)上壳　(c)下壳　(d)装配图

图 4-38　鼠标电线出线孔的结构

4.3.4　安装防呆结构

防呆是一种预防矫正的行为约束手段，运用避免产生错误的限制方法，让操作者不需要花费注意力，也不需要经验与专业知识即可直觉无误地完成正确的操作。防呆是一个源自于日本围棋与将棋的术语，后来运用在工业管理上，基本概念应用在日本丰田汽车的生产方式，由新乡重夫(ShigeoShingo)提出，之后随着工业品质管理的推展传播至全世界。如图 4-39 所示的零件和图4-40所示的手机卡的安装都采用这一结构。

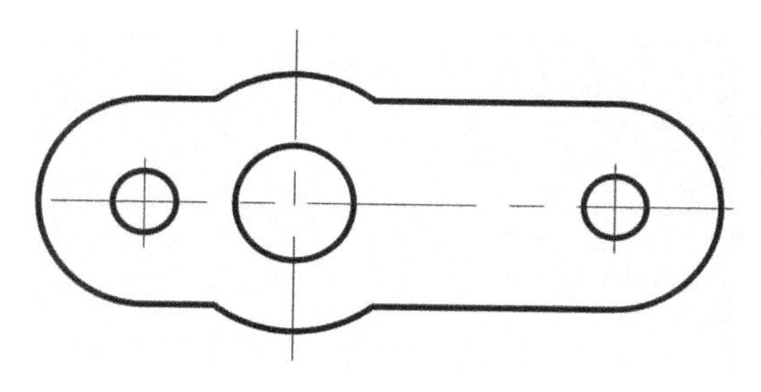

图 4-39　安装防呆的不对称结构

图 4-40　手机卡的安装

4.3.5 紧配合连接结构

如图 4-41 所示的 U 盘的盖子与机体靠盖子内腔与插头的过盈配合实现连接。如图 4-42 所示为一 MP3 盖子的加强筋及其与插头的配合处的结构。当需要两个平面配合的时候,采用点或线与平面接触的配合方式更稳定可靠,尤其是过盈配合的情况,点或线对平面的配合能避免平面的变形所带来的配合失败或失效。

图 4-41 U 盘的盖子与插头的配合

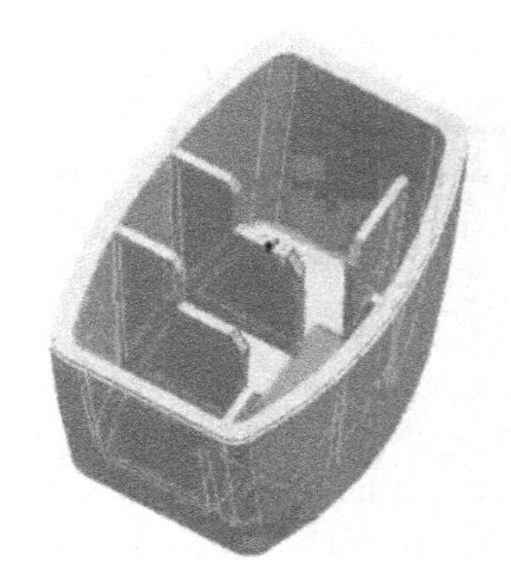

图4-42 MP3 盖子的加强筋及其与插头的配合结构

因塑料材料有很好的弹性,所以靠弹性变形实现盖子与壳体的连接方式应用得非常广泛。如图 4-43 所示的保鲜盒的盖子即采用弹性变形的连接方法。

图 4-43 微波炉用容器

4.3.6 按钮、按钮与面板壳体之间的装配结构

常用按钮有窝仔片、橡胶按钮和机械按钮,可根据空间大小、行程要求、手感要求来选择。窝仔片行程短,一般为 0.2～0.5mm,金属材质,可靠性好,占用空间小,带脚的窝仔片可以配合 PCB 上的通孔定位安装。橡胶按钮行程长,一般为 1mm,也有

0.5m 的。橡胶材质可靠性不如窝仔片好，占用空间大，优点是按钮手感好，多个橡胶按钮可以连成一片，制成一体，方便安装。机械按钮，其实里面还是金属窝仔片，性能和窝仔片基本一样，但有辅助机构，按钮手感比窝仔片容易调整到最佳状态。

1. 按钮大小及相对距离要求

在操作按钮中心时，不能引起相邻按钮的联动，依据人机工学参数，相邻按钮的中心距设计原则如下：

（1）在竖排分离按钮中，两相邻按钮中心的距离 $a>9$mm。

（2）在横排成行按钮中，两相邻按钮中心的距离 $b>13$mm。

（3）为方便操作，常用的功能按钮的最小尺寸为：3mm×3mm。

2. 按钮与面板壳体的设计间隙

按钮与壳体之间须留一定的间隙，保证按钮与面板壳体之间的运动自如，间隙一般取 0.2～0.5mm，并应保证按下去时不能被卡住，可以顺利回弹。卡住这种不良情况多出现在行程较长的橡胶按钮上，对策是加高按钮深度，如行程为 1mm 的橡胶按钮，上面的塑胶按钮帽要高出面壳表面 1mm 以上，如果塑胶按键帽高出面壳表面不应超过 1mm，也可以在面壳表面以下建围骨加深。按钮与面板基体的配合间隙，如图 4-44 所示。

（1）按钮裙边尺寸 $C\geqslant 0.75$mm，按钮与轻触开关间隙为 $B=0.2$mm。

（2）水晶按钮与基体的配合间隙单边为 $A=0.1\sim0.15$mm。

（3）喷油按钮与基体的配合间隙单边为 $A=0.2\sim0.25$mm。

（4）跷跷板按钮的摆动方向间隙为 0.25～0.3mm，需根据按钮的大小进行实际模拟。非摆动方向的设计配合间隙为 $A=0.2\sim0.25$mm。

（5）橡胶油比普通油厚 0.15mm，需在喷普通油的设计间隙上单边加 0.15mm，如喷橡胶油按钮与基体的间隙为 0.3～0.4mm。

（6）表面电镀按钮与基体的配合间隙单边为 $A=0.15\sim0.2$mm。

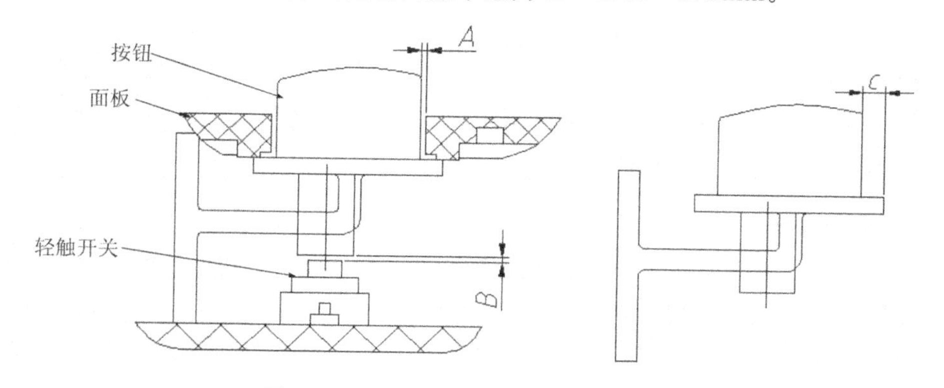

图 4-44　按钮与面板基体的配合间隙

(7) 按钮凸出面板的高度如图 4-45 所示，普通按钮凸出面板的高度 D=1.2～1.4mm，一般取 1.4mm；对于表面弧度比较大的按钮，按钮最低点与面板的高度 D 一般为 0.8～1.2mm。

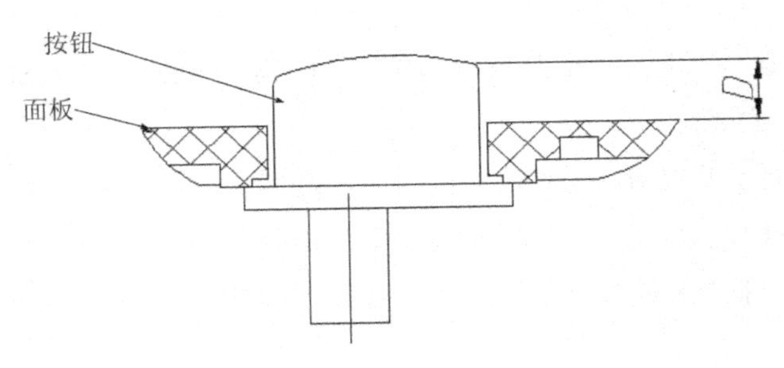

图 4-45　按钮凸出面板的高度

4.3.7　嵌入连接

塑料内的嵌入件通常作为紧固件或支撑部分，如图4-46所示的手机天线。嵌入件是常用的一种装配方式。在注塑产品中镶入嵌入件可增加局部强度、硬度和尺寸精度，也可以设置小螺纹孔和轴，满足多种特殊需求。嵌入件一般为铜，也可以是其他金属或塑料件。嵌入件的设计必须使其稳固地嵌入塑料内，嵌入塑料中的部分应设计成止转和防拔出结构，如：滚花、孔、折弯、压扁、轴肩等，避免旋转或拔出。嵌入件周围塑料应适当加厚，以防止塑件开裂。设计嵌入件时，应充分考虑其在模具中的定位方式。

图 4-46　手机天线

嵌入件的成型方式分为同步成型嵌入和成型后嵌入两种。

1. 同步成型嵌入

同步成型嵌入是在部件成型前将嵌入件放入模具之中，在合模成型时塑料会将嵌入件包围起来同时成型。若要使塑料把嵌入件包合得好，必先预热后再放入模具。这样可减低塑料的内应力和收缩现象。

2. 成型后嵌入

成型后嵌入是将嵌入件用不同方式打入成型部件之中。所采用的方法有热式和冷式，原理都是利用塑料的热可塑特性。热式是将嵌入件预先在嵌入前加热至该塑料部件融化的温度，然后迅速地将嵌入件压入部件上特别预留的孔中冷却后成型。冷式一般是使用超声波焊接方法把嵌入件压入。用超声波的方法所得到的结果比较一致和美观，而预热压入在工艺上不易控制。

但无论是作为功能或装饰用途，嵌入件的使用应尽量减少，因使用嵌入件需增加生产成本并且不够牢固。如图 4-47 所示，尽量将(a)图所示的结构改为(b)图所示的结构。

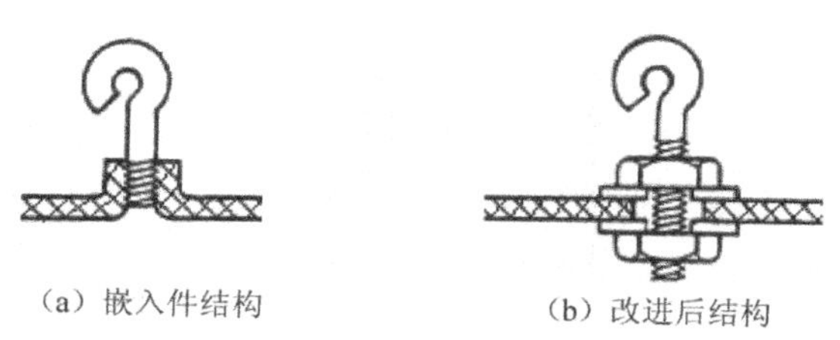

(a) 嵌入件结构　　(b) 改进后结构

图 4-47　嵌入件结构改进

4.3.8　电池仓和电池门结构

电池通常装在 PCB 的背面或侧边，按照形状可分为纽扣电池、干电池和锂电池等。电池仓是根据电池形状和在机身内放置的方式而设计的，一般壁厚为 1mm，仓内侧底部做电池放置指示的雕字，外面加盖做电池门。电池在 PCB 的背面，电池仓通常做在底壳上。电池在 PCB 的侧边时，电池仓可以做在底壳上也可以做在面壳上。纽扣电池和干电池常用的电池片有五金片的，也有弹簧的。电池片通常跟电池仓做在一起，在仓体上开缺口，电池片插进去和电池接触；电池片到 PCB 的连接可以飞线，也可以直接焊在 PCB 上，直接焊在 PCB 上时需要在 PCB 上开孔，电池片插在 PCB 的孔内定位后再焊接。电池门的壁厚一般取 1.5mm，装配通常靠扣位，常用主扣的有弹弓扣或按扣(另一侧配合内插扣)、倒勾扣(另一侧配合龙门扣)。

注：电池仓和电池门的具体设计方法见本教程第二部分的项目一。

4.3.9　易安装结构

在我们的结构设计目标中，除了保证结构的功能外，简化我们的装配工艺和保证结构的可靠性也是结构设计需要考虑的重要方面。

如图 4-48 所示的轴孔安装，要求悬臂梁能轻松装配进轴孔，并且能够承受一定的拉力而不掉出来。在一些特殊的场合，为了更好地保证转动的可靠性、转动性和装配时的定位方便性，需要把转轴完全固定在一侧，这种情况下可以采用强行脱模的小倒扣方式，装配时强行把转轴压进配合孔，设计时需要注意倒扣量和导入的斜角设计，如罗技鼠标的光栅转轴设计。

设计方案 1，安装时可以变形的部位长度太短，装配比较困难，而且在装配的过程中很容易会给零件造成永久性损坏。设计方案 2，因为开了一条通槽，使得发生变形的部分长度大为增加，装配比较容易，但也正因为通槽的存在，装配好之后轴的受力稍大便会因两侧的变形而造成脱落。因此，设计要点是应该使得在装配过程中的变形比较容易而在装配好之后自然受力的情况下不容易发生变形，因此方案 3 在实际生产应用中效果较好。

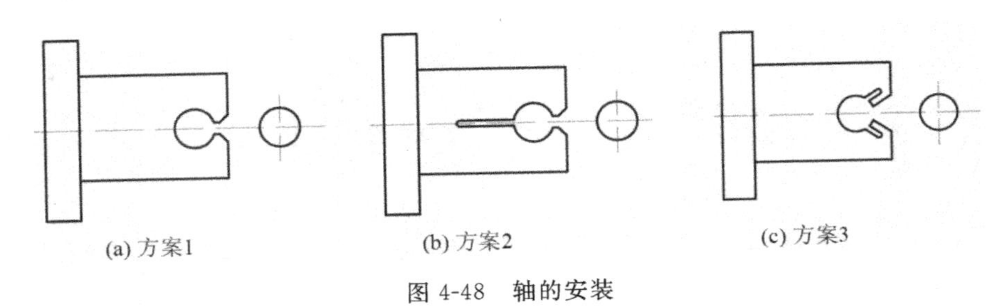

图 4-48　轴的安装

4.3.10　挂墙孔结构

挂墙钟、挂墙电话机等产品需要设计挂墙孔，一般情况下将挂墙孔设计成葫芦形状或十字形等，螺钉头既可以塞进去又能卡住，但注意螺钉头伸进去太深有可能顶伤 PCB，一般是从底壳起围骨，包住螺钉头，但又不要做行位，做碰穿位。如图 4-49 所示的步步高电话机即采用此结构。

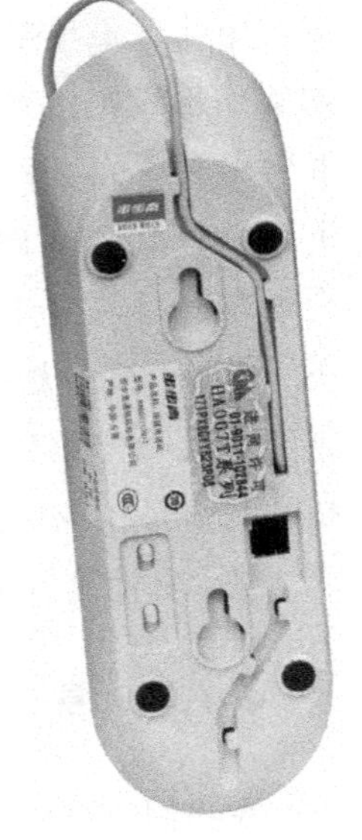

图 4-49　挂墙孔结构

4.3.11　旋钮的设计

1. 旋钮大小

旋钮一般设计成带有防滑纹路的圆柱形，如图 4-50 所示。依据人机工学要求，其圆柱直径最小值取 6mm，宽度 B 最小值取 8mm。

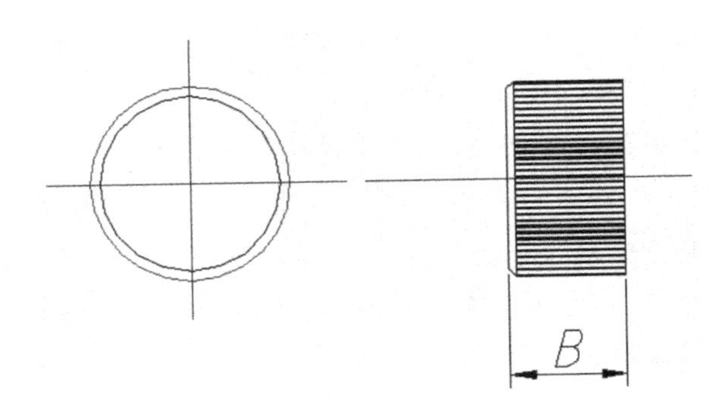

图 4-50

2. 两旋钮之间的距离

两旋钮之间的距离 $C \geqslant 8\text{mm}$，如图 4-51 所示。

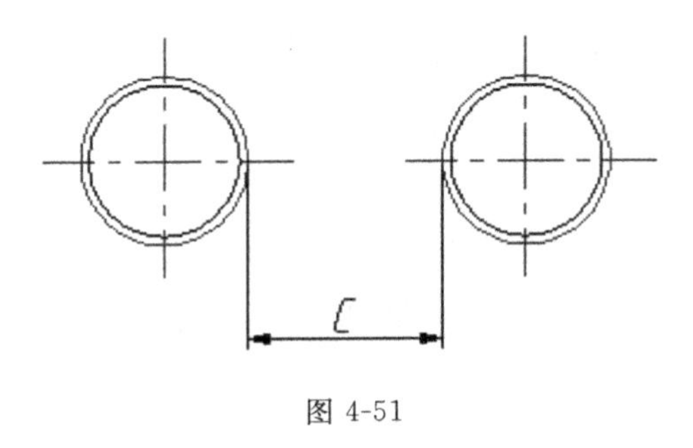

图 4-51

3. 旋钮与对应装配件的间隙

（1）旋钮与对应装配件的设计配合单边间隙 $A \geqslant 0.5\text{mm}$，如图 4-52 所示。

（2）电镀旋钮与对应装配件的设计配合单边间隙为 $A \geqslant 0.5+0.02\text{mm}$。

（3）橡胶油比普通油厚 0.15mm，需在喷普通油的设计间隙上单边增加 0.15mm。

（4）旋钮凸出面板基体或装饰件最高点的高度为 $9.5 \geqslant B \geqslant 8\text{mm}$。

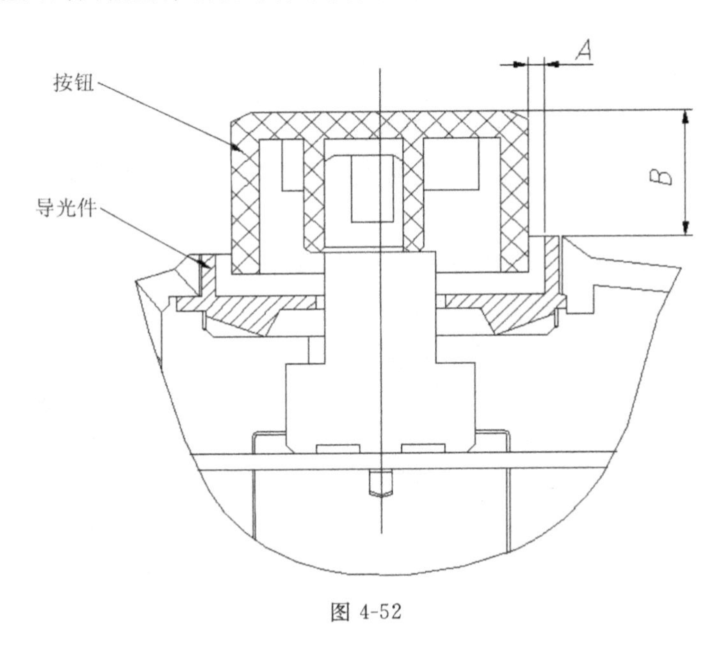

图 4-52

第 5 章　钣金件结构

在工业产品中，钣金件占有很大的份额。如图 5-1 所示的汽车外壳和如图 5-2 所示的水壶壳体均属钣金件。钣金类产品一般的结构有：弯折、冲裁、压制和拉深等结构。

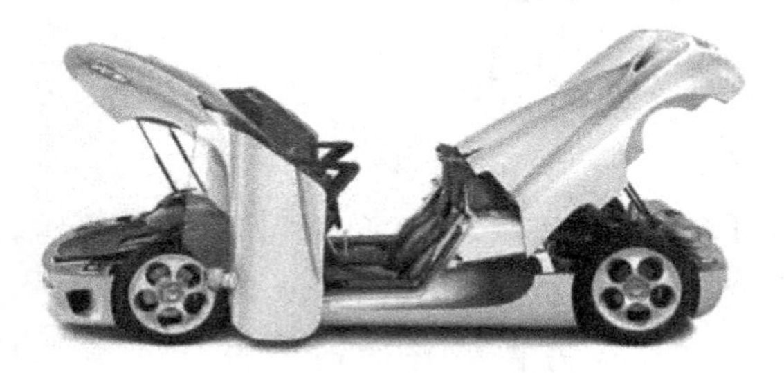

图 5-1　汽车

图 5-2　水壶

5.1　冲压壳体

冲压是利用冲模在压力机上对板料施加压力使其变形或分离，从而获得一定形状、尺寸的零件的加工方法。板料冲压通常在常温下进行，又称冷冲压；当板厚大于 8mm 时，采用热冲压。

冲压属于压力加工的一种，是工业产品金属外壳的一种主要加工形式。冲压既可加工仪表上的小零件，也能加工汽车车身等大型制件。广泛用于汽车、拖拉机、电器、航空、仪表及日常生活用品等制造行业。

5.1.1　冲压壳体的特点

板料冲压制造产品壳体具有下列特点：

1. 生产率高、操作简单

冲压加工的生产过程只是简单的重复。

2. 产品质量好

冲压产品的尺寸精度和表面质量较高，互换性好。

3. 材料利用率高

按壳体的壁厚选择板材，有效利用材料。可采用组合冲压等方法，合理利用板材，产生的废料少。

4. 造型能力强

可制造复杂的曲面零件。

5. 适用范围广

制作壳体的材料可以是钢板，也可以是有色金属及其他合金板材，且成品的尺寸范围宽。

6. 冲模的设计、制造复杂

使用冲压方法生产制造产品壳体的主要缺点是冲模的设计、制造复杂，成本较高，且一件一模。因此，只有在大批量生产的条件下才能显示出优越性。

5.1.2　冲压件的结构

良好的冲压结构应保证材料利用率高、工序数目少、模具结构简单且寿命高、产品质量稳定等。一般情况下，对冲压件结构影响最大的是精度和几何形状及尺寸。设计冲压件的结构时应遵循以下原则：

1. 冲压件的形状应尽量简单

最好是规则的几何形状或由规则的几何形状所组成的组合形状。同时应避免冲裁件上过长的悬臂与凹槽，它们的宽度要大于料厚的1.5～2倍。

2. 外形和内孔应避免尖角

一般情况下，冲压件的外形和内孔应避免尖角，应采用圆角的形式。如图5-3所示。一般圆角半径R应大于或等于板厚t的一半，即$R \geqslant 0.5t$。当需要冲制不带圆角的工件时，可以用分段冲切的办法冲制，但模具寿命明显降低。

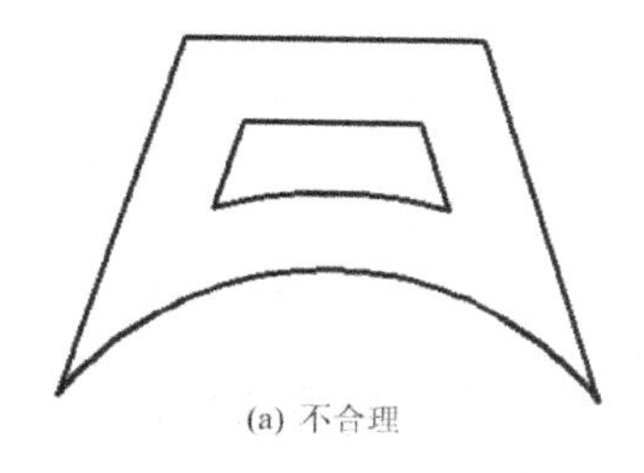

(a) 不合理

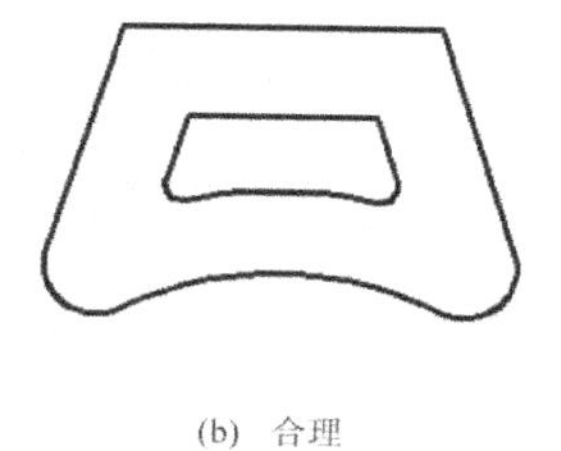

(b) 合理

图5-3　避免尖角结构

3. 孔的尺寸不宜过小

冲孔时，因受凸模强度限制，孔的尺寸不宜过小。优先选用圆形孔。冲孔的最小尺寸与孔的形状、材料机械性能和材料厚度有关，自由凸模冲孔的直径d可参照表5-1进行选择。

表 5-1　孔径

材料	孔径
硬钢	$d \geqslant 1.3t$
软钢	$d \geqslant 1.0t$
铝锌	$d \geqslant 0.8t$

注：t 为板厚。

4. 孔间距不宜过小

孔与孔之间的距离或孔与零件边缘之间的距离，因受模具强度和冲裁件质量的限制，其值不能过小。孔边距 A 应大于或等于板厚 t 的两倍，即 $A \geqslant 2t$；孔间距 B 应大于或等于板厚 t 的两倍，即 $B \geqslant 2t$。

5. 孔与工件直壁之间的距离不宜过小

在弯折件或拉深件上冲孔时，其孔与工件直壁之间的距离不宜过小，否则，会使凸模受侧向力作用，同时，会影响弯曲件或拉深件已成形区域的精度。

6. 尽量减少零件对模具的磨损

在冲制凸起的舌部时，舌部与凹模的内壁摩擦，使模具寿命缩短，冲压件质量降低。如图 5-4 所示，如将舌部由图(a)形式改为如图(b)所示的带有 5°～8°的斜面结构，会有所改善。

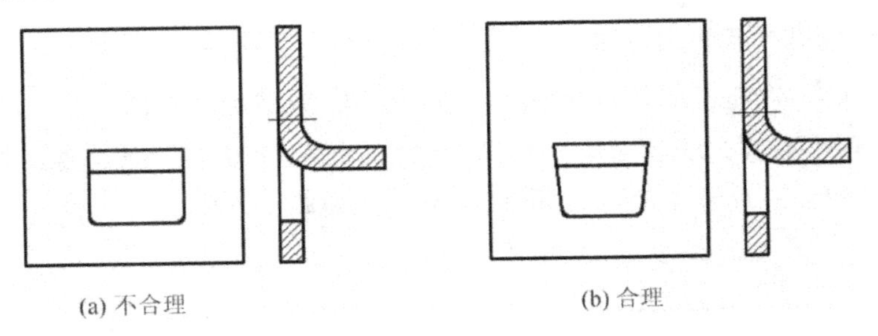

(a) 不合理　　(b) 合理

图 5-4　减少零件对模具的磨损结构

7. 注意节约原材料

在设计冲压件形状与尺寸时，为了尽量减少费料，可采用嵌套、组合等方法节约材料。如图 5-5 所示。

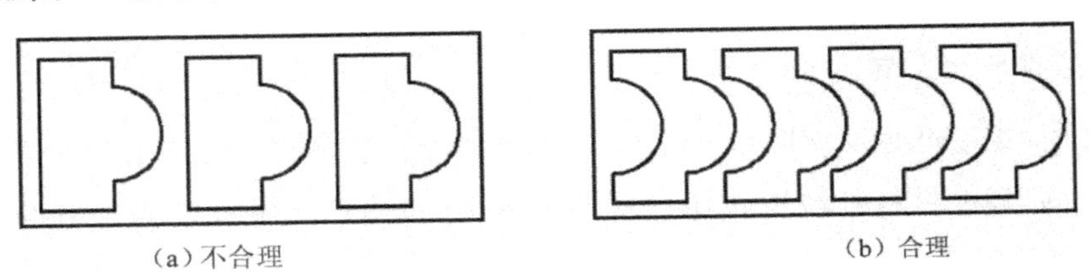

(a) 不合理　　(b) 合理

图 5-5　尽量减少费料设计

8. 压肋形状应采用对称形式

压肋形状应采用对称形式。如图 5-6 所示。

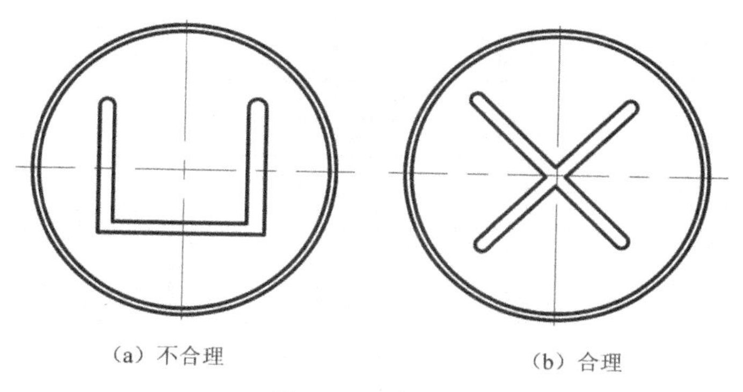

(a) 不合理　　(b) 合理

图 5-6　压肋形状

5.2　弯折件

弯折件良好的结构工艺性,能简化弯折的工艺过程和提高弯折件的精度。如图 5-7 所示为一弯折件,如图5-8所示为几种弯折件结构。

图 5-7　弯折件　　图 5-8　几种弯折件结构

设计好弯折件的结构必须注意下列问题。

1. 弯折件的形状应尽量对称

弯折件的形状最好对称,弯曲半径左右一致。否则,由于摩擦力不均匀,板料在弯曲过程中会产生滑动。

2. 弯折件的圆角半径应大于板料许可的最小弯曲半径

当弯折件必须弯曲成很小圆角时,可进行多次弯曲,中间辅以退火工序。弯折件的圆角半径也不宜过大,因为过大时,回弹值增大,弯曲件的精度不易保证。

3. 弯折件的直边高度不宜过小

弯折件的直边高度应大于板厚的两倍。或可在弯曲前,在弯曲处先压槽,再弯曲。或加高直边,弯曲后再切掉。如图 5-9 所示。

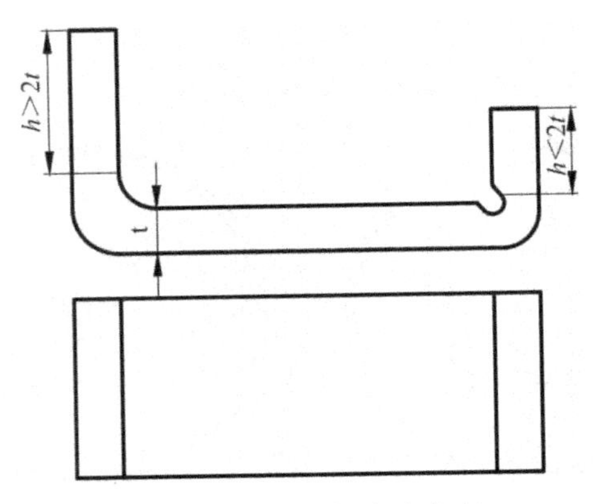

图 5-9　弯折件的直边高度

4. 应避免孔畸形

弯折件有孔时，如果孔的位置处于弯曲变形区，则孔会发生变形，为避免这种情况，必须使孔处于变形区之外，或做一个月牙槽等。如图 5-10 所示。

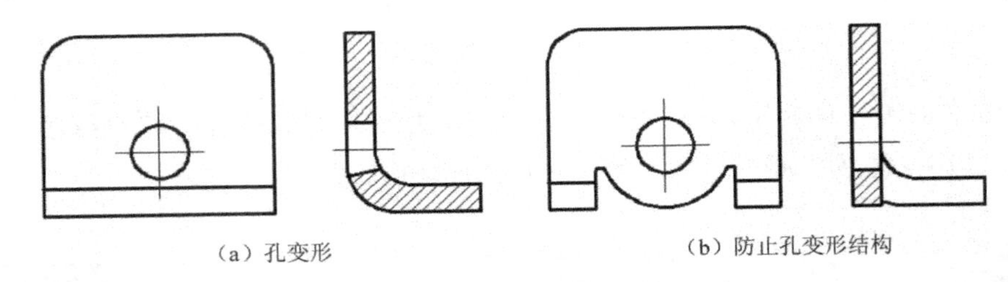

（a）孔变形　　（b）防止孔变形结构

图 5-10　避免孔畸形结构

5. 应避免角部出现裂纹

在局部弯曲某一段边缘时，为避免角部形成裂纹，可预先切出工艺槽。或可以离开尺寸突变处。或在弯曲前在直角的拐弯处先冲制工艺孔。如图 5-11 所示。

6. 应避免边缘部分出现缺口

边缘部分有缺口的弯曲件，弯曲时必须于缺口处留连接带，将缺口连住，待弯曲成形后，再将连接带切除。若在毛料上先冲缺口再弯曲，会出现叉口现象甚至无法成形。

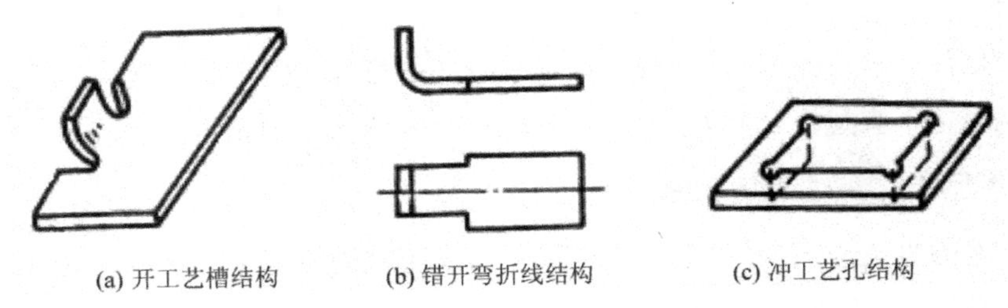

(a) 开工艺槽结构　　(b) 错开弯折线结构　　(c) 冲工艺孔结构

图 5-11　避免角部形成裂纹的结构

7. 应简化下料结构

在不影响使用的情况下尽量采用简化下料的结构方式。如图 5-12 所示。

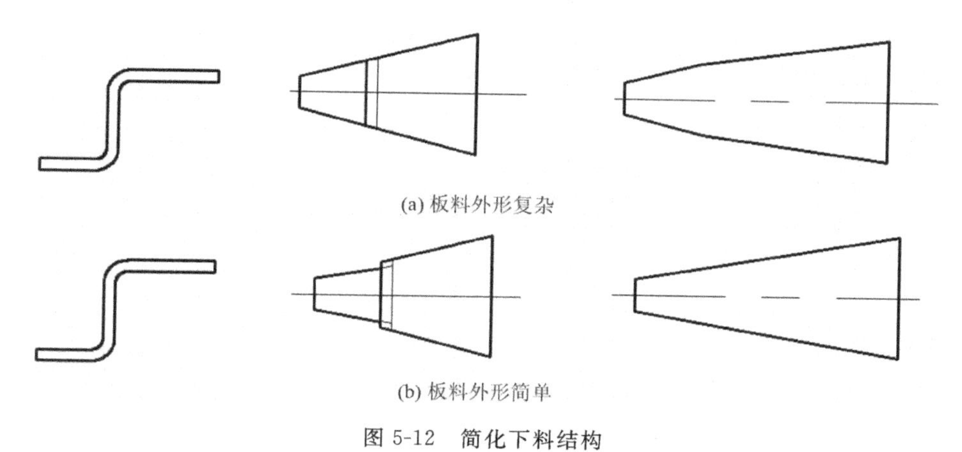

(a) 板料外形复杂

(b) 板料外形简单

图 5-12　简化下料结构

8. 应避免出现皱折

板材在弯折成型后在弯角处会出现皱折，影响使用与美观。为避免出现皱折，可在弯折处切去一部分材料。如图 5-13 所示。

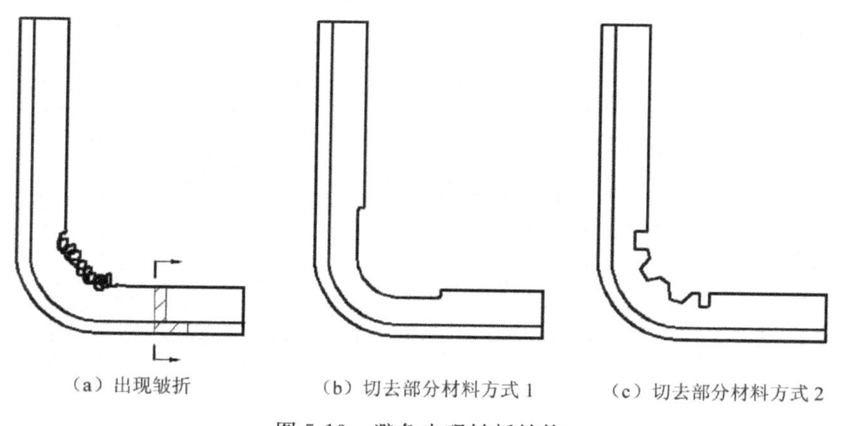

（a）出现皱折　（b）切去部分材料方式 1　（c）切去部分材料方式 2

图 5-13　避免出现皱折结构

5.3　拉深件

拉深件在现实生活中应用很广。作为拉深件的材料有很多种，如优质低碳钢、铝合金薄板等成形能力强的材料。这些材料可设计成较大的拉深深度及复杂的结构形状。如图 5-14 所示为几种拉深件结构。设计好拉深件的结构必须注意下列问题。

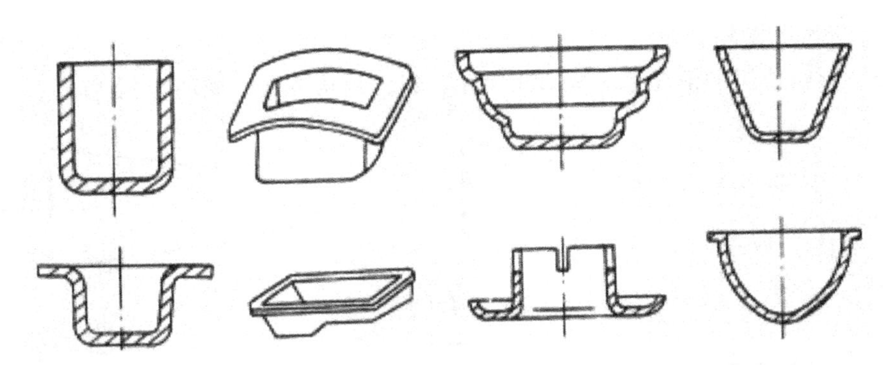

图 5-14 拉深件结构

1. 应避免急剧的轮廓变化

拉深件的形状应尽量简单对称，尽量避免急剧的轮廓变化。旋转体零件在圆周方向上的变形应是均匀的，模具加工也较容易，所以其工艺性最佳。其他形状的拉深件，应尽量避免轮廓的急剧变化，否则，变形不均匀，拉深困难。

2. 凸缘的外轮廓最好与拉深部分的轮廓形状相似

拉深件凸缘的外轮廓最好与拉深部分的轮廓形状相似。如果凸缘的宽度不一致，不仅拉深困难，需要添加工序，而且还需放宽修边余量，增加材料损耗。

3. 圆角半径应合适

拉深件的圆角半径要合适。内部圆角半径为壁厚的 3～5 倍。

4. 拉深件底部的孔的大小应合适

拉深件底部孔的大小要合适。在拉深件的底部冲孔时，其孔边到侧壁的距离应不小于圆角半径加上板料厚度的一半。

5. 拉深件的精度等级要求不宜过高

拉深件的精度包括拉深件内形或外形的直径尺寸公差、高度尺寸公差等。其精度等级要求不宜过高。

5.4 机箱

在电子设备中，用来放置和固定各配件，起到支承和保护作用的机件是机箱结构。

根据使用的材料与工艺不同机箱可划分为：

1. 钣金结构机箱

此类机箱一般是用各种冷轧、热轧薄钢板经过剪切、冲压、弯曲等工艺过程，制成各式机箱的组成部分，然后用焊接、螺钉连接等方式组装成各式机箱。用这种材料制成的机箱其优点是成本低，取材方便，其缺点是机箱的外形尺寸公差大，并且外形不美观。

如图 5-15 为电脑机箱。由前面板、后背板、电源槽、侧板等组成。底座、机身用薄钢钣金结构，面板为塑料，注塑成型。基本由螺钉连接。

图 5-15　电脑机箱

电脑机箱内安装了主板、CPU、声卡、显卡以及光驱、软驱、硬盘等的电子元器件。电脑机箱结构的好坏主要有以下几个指标：

（1）机箱的外观结构。外观是一个机箱最基本的特性，目前的外观种类非常多。

（2）电磁辐射的屏蔽结构。机箱屏蔽性能的好坏，选材是第一步，材质的好坏直接影响到抗电磁辐射的性能。大多数机箱都选择高导磁率、高导电率的钢板外喷绝缘烤漆，来切断干扰源与感受器之间的耦合通道。钢板对电磁波有反射、吸收和引导两方面的作用，如果太薄就会被迅速穿透。FCC、CE 等世界通讯安全标准将其界定为 1mm，只有达到这一厚度时，才能有效地把辐射波屏蔽在机箱内并迅速导入大地。

除了完善的屏蔽体和良好的接地，在实际使用中，电磁屏蔽效能在更大程度上依赖于机箱的结构，即导电的连续性。在机箱内各个接缝处采用强制、挤迫的交叉接口，尽量增大重叠尺寸，实现接缝处整个交接表面之间尽可能的紧密接触，可增强屏蔽性能。

（3）可扩展性结构。未来电脑的发展永远难以揣摩，能够准备的越齐全当然越能够满足未来的需要，要提供多个光驱位置和硬盘位置的分布以及设计。

（4）特色结构。有许多机箱的特色功能，如前置 USB 和音频输入输出接口；卡扣式设计；免工具拆装；硬盘和光驱的安装采用滑轨式设计等结构。

（5）散热结构。对于发热量大的电脑，加装更多的风扇越来越重要，因此主要考虑机箱提供了多少散热风扇或散热风扇预留位置和散热孔的多少。

2. 铝型材机箱

铝合金型材制作的机箱一般都由铆接或螺丝链接，不像铁皮机箱那样由焊接链接。如图5-16所示的机箱，边框和手柄由铝合金型材加工而成，型材经过喷砂处理，盖板采用铁板，面板采用铝板，面板开孔；底板有支撑支架，可卧放、竖放，把手牢固。机箱整体屏蔽较好。

图 5-16 铝型材机箱

铝型材机箱按其结构可划分为：

(1) 型材围框结构机箱。是将铝型材折弯，形成前后围框(也可以是左右围框)，再用铝型材腰带、支撑为侧梁组成机箱框架，最后加上下盖板及前后面板即成机箱。这种结构的机箱：结构简单，若改变型材的下料长度，则可组成各种不同外形尺寸的机箱；采用通用折弯模后，可用于批量生产。但型材折弯后，围框与盖板、面板的配合不易做到紧密吻合，机箱外形尚不够美观；由于采用薄壁型材折弯，其刚度与强度较差，仅适用于轻型设备。

(2) 型材组合结构机箱。是用多种不同断面形状的铝型材，通过螺钉在转角处链接组成机箱框架，再加前后面板及左右、上下盖板组成机箱。这种结构的机箱的外形尺寸变换方便，适应于多品种及有一定批量的产品；用途广，可组合成台式、装架式机箱及插箱；由于选用较高强度的铝合金，因此机箱具有较高的强度与刚度。

(3) 型材板料结构机箱。型板是具有板状特征的铝型材。利用型材板料作为机箱框架的侧面(也可为前后面)，再用铝型材横梁与侧面板连接，就构成机箱框架。这种结构的机箱由于采用了型材板料，所以加工量小，工艺简单，机箱的强度与刚度均较好。但机箱高度方向的尺寸受型材板料尺寸的限制，故适用于扁平形状的机箱。

(4) 压铸结构机箱。若将型材板料结构机箱的型材板料及其连接部分制成铝压铸件，即成为压铸结构机箱。这种机箱由于采用了压铸工艺，故尺寸精确度高，适用于大批量生产，强度与刚度均较好，且装配方便。但需要压铸设备，压铸模的成本高；机箱的外形尺寸受压铸机的限制。

3. 通风口结构

当机箱需要散热时，应在盖门或侧板上开设通风口，如图 5-17 所示为常见的散热口孔的形状。

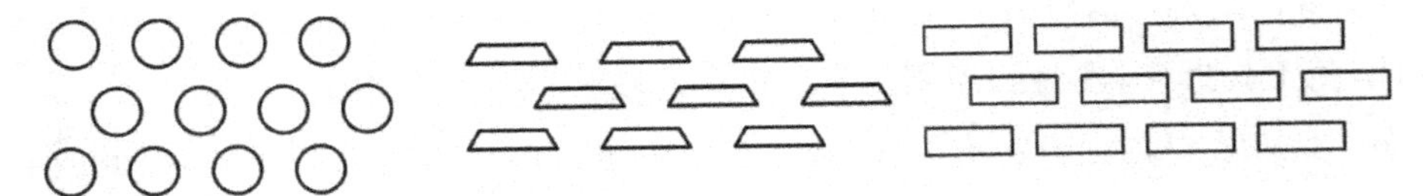

图 5-17 常见散热口结构

5.5 案例

【案例 5-1】 机顶盒

如图 5-18 所示为电视机顶盒。机顶盒主要包括硬件和软件两大部分。从结构上看,机顶盒一般由外壳、主芯片、内存、调谐解调器、回传通道、CA(Conditional Access)接口、外部存储控制器以及视音频输出等几大部分构成。在此主要研究外壳的结构。

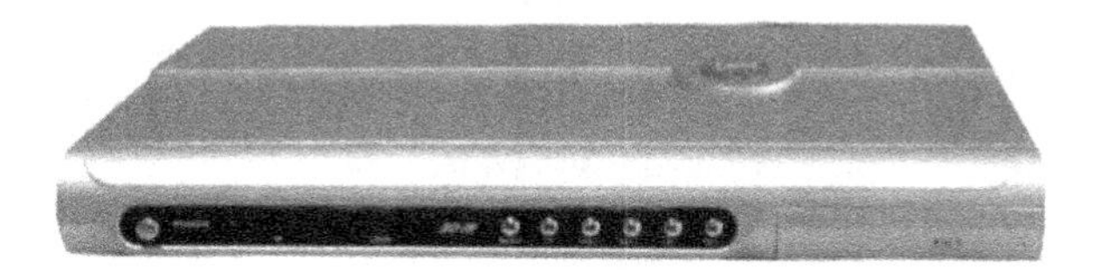

图 5-19 电视机顶盒

电视机顶盒的外部结构主要由以下部分组成:

1. 壳体

机顶盒的壳体由上下两个钣金组成。大多数机壳可分为底壳和上盖,材料选用 SECC 防触摸镀锌板,镀锌板的厚度多以 0.6 或 0.8mm 为主,使用折弯结构增加强度。上盖两侧均开有散热孔,形状以长圆形居多,其他形状的较少,如图 5-20 所示。上盖的固定全部使用螺钉,种类多为自攻钉和机制钉。

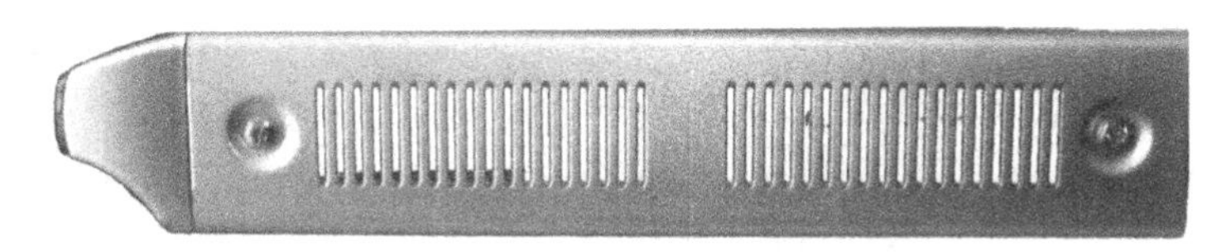

图 5-20 机顶盒侧面

底壳主要是用来固定电源板和主板的,材料为 0.8mm 厚的镀锌板。底壳的固定方式多种多样,最多的是直接铆铜柱,也有在底壳向上打圆台或者弓形折弯作支撑。

后挡板和底壳连在一起,即底壳背部使用折弯处理,经过这样的处理半成品备料方便,安装起来也少了一道环节,但是灵活性差。

交流电源开关、AV 端子、S 端子、射频输入、输出端子和电源线等输入输出端子都固定在后挡板上面,如图 5-21 所示。电源线的固定方式基本上可分为三种。首先是线扣模式。线扣多为尼龙材料,一般可分为两部分。体积小的局部装有矩形突起,而体积大的中间有凹槽,两部分合在一起后,矩形突起就会插在凹槽中。在后挡板上面要打圆孔,电源线从孔中穿入,留出适当的长度,使用专用的卡线钳子将线扣压紧卡住,然后再将其塞入孔中即可。第二种方式是线挡结构。后挡板的顶部开方槽,电源线上面增加一个两侧有凹陷的线挡,线挡可以直接卡在方槽中,同样也起到限位的作用。第三种方式是电源线与机壳分离的结构。电源线的一端保持不变，在终端部分改成插头。在后挡板上面开椭圆形孔，将电源插座从里面穿出，使用两螺钉螺母固定。

后挡板不做烤漆处理，主要采用丝网印刷的方式印刷不同端子的标识。

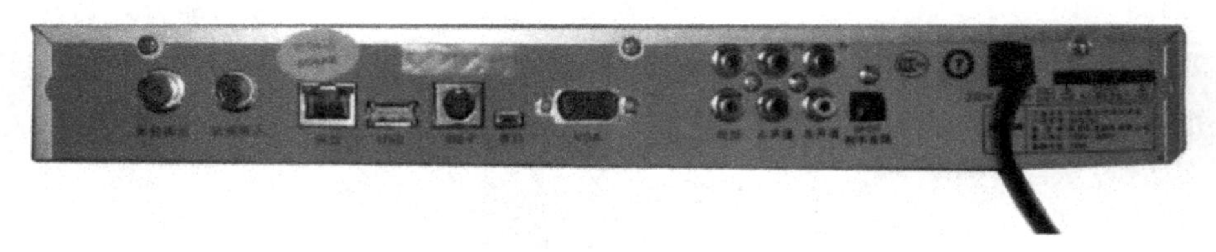

图 5-21　机顶盒的后部

2. 按键

几乎每个机顶盒都有按键，或大或小，或圆或方，形状各异，接其固定方式可分为以下三种：

（1）分离式。所有塑料按键都是独立的，内部装有十字形或圆形加强筋，筋的顶端可以直接接触到显示板上面的按键。这种方式的优点是结构简单，但由于键与面板是分开的，所以当按键装好后，面板上孔的内径较按键的外径大，按键装上后可能会上下左右移动，因此这内外径的差就要做得较小，可又不能太小，太小按键容易卡在面板孔中。

（2）单面悬挂式。所有按键或多数键使用加强筋连在一块塑料柱或塑料板上面，在塑料柱或塑料板上面增加定位孔或定位卡扣固定在面板内部。这种方式最大的特点是按键一体成型，装配简单，灵活性相对于分离式差许多，而且模具也较为复杂。按键的一端固定、另一端可以摆动，但摆动的行程不大，否则就会因为键按下去后，弹不回来造成卡键或者加强筋多次大跨度摆动造成加强筋寿命降低，出现加强筋断裂的现象。如图5-22所示。

图 5-22　悬挂式按键

(3) 双面悬挂式。和固定式差不多,即所有按键或多数键两侧使用悬梁臂连接上下两块塑料柱或塑料板上面,不同的是筋的位置在上下两侧而不是一侧,这样按键按下的时候,两侧的悬梁同时变形,保证按键可以做垂直移动而不是单臂摆动。此外还增加了定位圆环,这样一旦螺钉打入面板内侧的固定塑料柱,塑料柱膨胀后就会将按键紧紧地固定在面板内部。这种方式的优点是两侧加强筋会同时变形,加强筋的形状被做成曲线,这样按键就会做平行移动,而且行程较大。与其他两种模式相比,手感好,同时面板与按键的间隙也不必处理得很小,制作成本低。

3. 卡镜

卡镜也可称为门镜,用于遮挡显示板上面的 LED、VFD 等显示模块,形状以方形居多,材料多为 PC、透明 ABS 或亚克力等。卡镜的固定方式通常采用卡扣式,即在卡镜的四周增加若干反向卡扣,卡镜插入面板的同时,卡扣也就卡在面板的内壁,方便快捷。另一种固定方式是使用双面胶,在卡镜的长边两侧贴 2 条双面胶。双面胶固定与卡扣的方式有所不同,卡扣是按照卡镜的样子开槽,并在卡扣对应位置安排对应的固定结构,而双面胶必须有贴胶纸的地方,面板上对应卡镜的上沿、下沿要向内部凹陷,缩近的距离和卡镜本体的厚度相同。

卡门通常是带 CA 或 CI 功能的机顶盒所特有的,结构多为翻盖式,而位置也是以居面板右侧的为多。卡扣的固定方式通常是在卡门下部增加两个半月形的卡钩,卡在面板底部的两个圆柱形的定位柱,从而保证卡门可以以定位轴为圆心进行转动。另在卡门内部设计一块方形的薄片,根部加一直角三角形的加强筋,薄片中央开一个矩形槽,面板对应的地方开有方槽,槽中部设有矩形突起,高度不会太高,这样卡门合上时,薄片边缘碰到矩形突起,薄片向上变形,当卡门闭合时,薄片中的方槽卡在矩形突起上,固定住卡门。另一种固定方式和这种相似,将薄片上面的方槽去掉,在薄片上沿水平方向增加一或两根加强筋,面板开槽处由矩形突起改成“U”字形结构,当卡门闭合的时候,U 形就构成因为薄片压迫向下形变,当薄片上面的加强筋通过 U 型结构上面的卡扣时,卡门即闭合。这种方式比前一种固定方式结构要更为合理,效果也比较理想。

4. 脚垫

脚垫起支撑和防滑作用,加大机顶盒与承接面的摩擦力,这对于操作面板上面的按键尤为重要,如果按键的同时机顶盒也随之移动,按键将按不到。如图 5-23 所示。脚垫的材料大多使用橡胶等,形状主要以圆形为主。脚垫固定的方式有三种:

(1) 胶固定方式。在脚垫背部贴双面不干胶贴纸,同时在底壳相应位置上增加凸包处理。

(2) 螺钉固定方式。用螺钉固定时,必须先在底壳钻孔,然后使用螺钉穿过脚垫

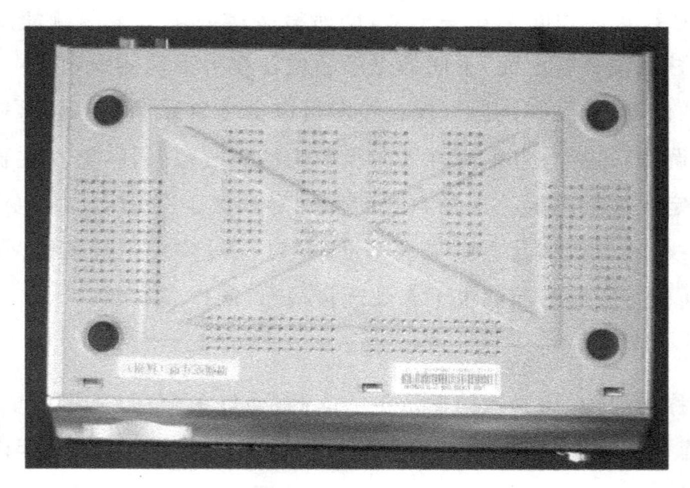

图 5-23 机顶盒底

内部的孔就可以将脚垫锁在底壳上，结构简单，附着力最大，最为稳定，不过这种脚垫必须都是空心的。

（3）销子固定方式。使用销子固定与螺钉固定方式差不多，都要先在底壳钻孔，但脚垫的结构较为复杂，大致可分为两部分，一是脚垫本体，顶部有 4 个定位卡钩。另一个是销子的顶端有“帽”。安装时先将脚垫倒着塞入底壳上面预留的孔中，然后再用“销子”倒着自下而上推，脚垫本体上面的卡钩由于“销子”的插入而产生形变，4 个卡扣向 4 个不同的方向伸展形成自锁状态。

5. 面板

面板外形多种多样，以矩形外观居多。面板的处理多采用喷油方式，亮银色的产品占主流。

在文字印刷方面，所有的机顶盒都有型号名称和标识，一般采用丝印方式，这样灵活性比较大。

铭牌是机器的商标，通常使用不锈钢材料制作。加装“铭牌”通常的方法是在背面电焊两根细铁棒或铜棒。装配前在面板上打两个孔，将铁棒穿进两个孔，使用胶水或者将铁棒向左向右弯曲即可。或者在面板表面设计两个圆锥形的凹坑，先将胶水灌入凹坑（不能太满），再将铭牌的两根细铁棒推入凹坑即可。

第二部分

实训部分

项目一　空调遥控器结构设计

任务

空调遥控器是一种用来远控空调的装置。遥控器主要是由集成电路板和用来产生不同讯息的按钮所组成。给定红外线遥控器的集成电路电板，设计红外线遥控器的外观造型及结构。根据给定的尺寸和参考模型，建立上壳、下壳、电池门、按钮的三维模型和零件工程图，建立效果图、爆炸图。掌握卡扣、按钮、美工槽、电池仓和电池门的结构设计；掌握液晶屏的安装固定方式。

要求

1. 壳体采用塑料材料。

2. 产品需符合人体工学原理，造型简洁新颖，外观时尚。

3. 产品结构合理：

(1) 两塑料件的结合处设置美工槽。

(2) 按键按压弹起顺利。

(3) 上壳、下壳、电池盖链接牢固。

(4) 电路板用 6 个螺钉固定在上壳上。

(5) 遥控器底面设计 4 个防摩擦的小凸起。

(6) 设置显示信息数据的液晶显示屏，尺寸为 26mm×31mm。

已知条件

1. 集成电路板的形状与尺寸，如图1-1、图 1-2 所示。遥控器电池采用 2 节 5 号干电池。

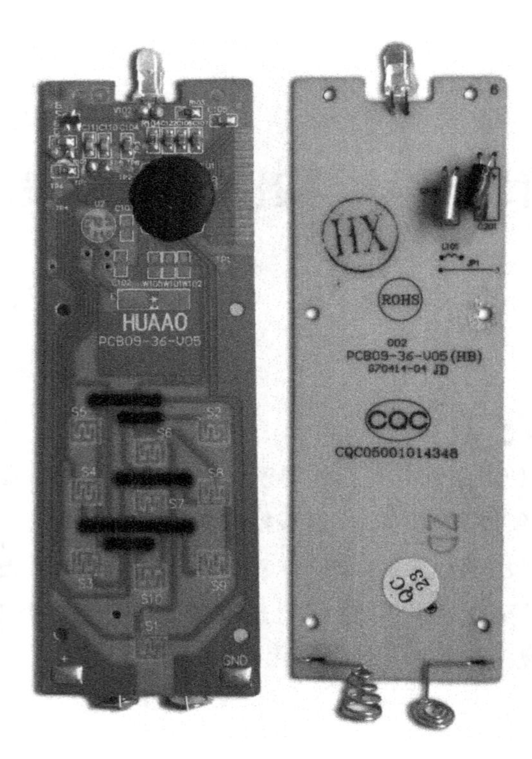
HUAAO
PCB09-36-V05
S5
S2
S6
S4
S8
S7
S3
S10
S9
S1
GND
HX
ROHS
002
PCB09-36-V05(HB)
CQC
CQC05001014348
ZD

图 1-1

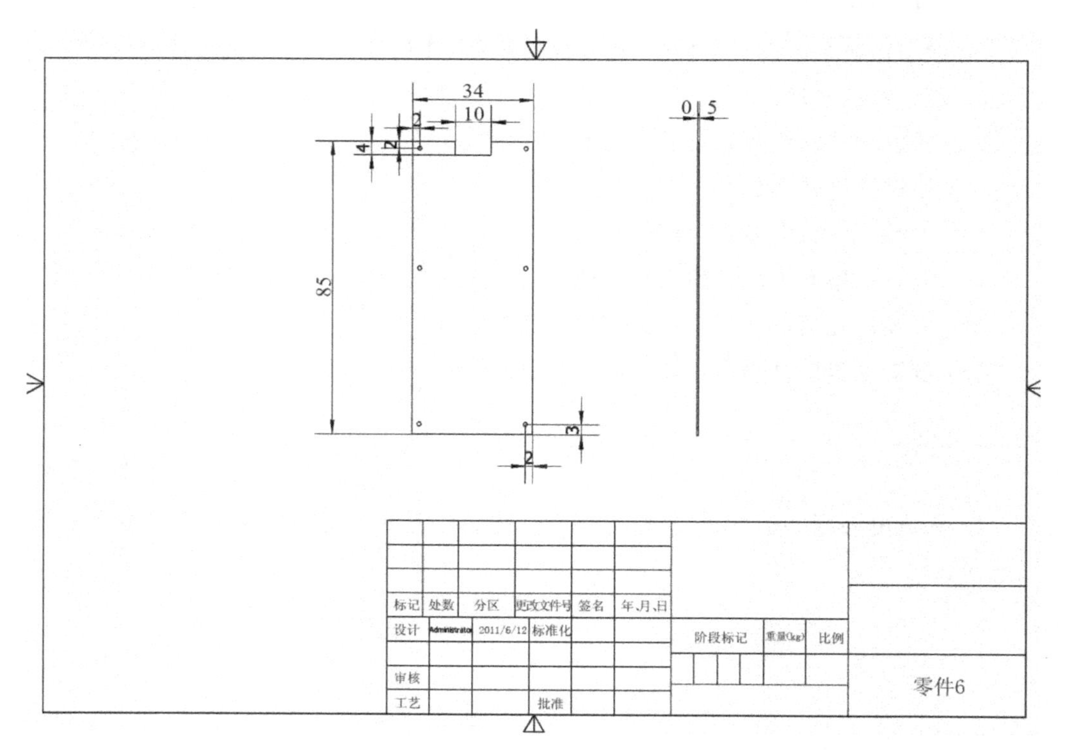
34
10
2
4
2
85
3
2
0.5
标记
处数
分区
更改文件号
签名
年.月.日
设计
Administrator
2011/6/12
标准化
阶段标记
重量(kg)
比例
审核
工艺
批准
零件6

图 1-2

2. 遥控器参考效果图，如图 1-3 所示。

图 1-3

3. 遥控器参考爆炸图，如图 1-4 所示。

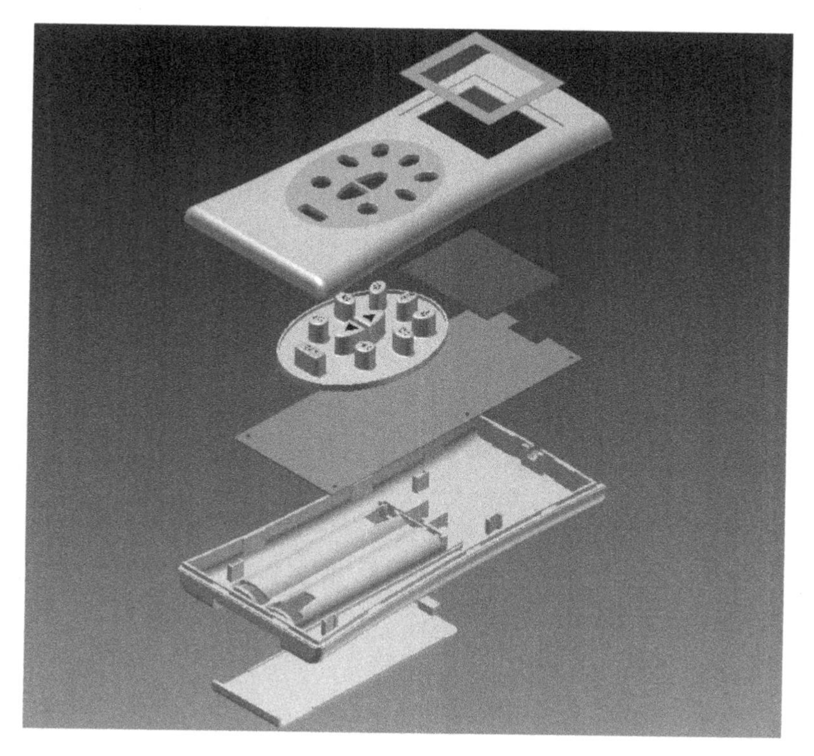

图 1-4

4. 上壳参考效果图和尺寸图，如图 1-5、图 1-6 所示。设置液晶屏的固定骨及安装电路板的 6 个螺钉柱。壳的主体壁厚为 1.6mm，液晶屏的固定骨厚度约 0.7mm，避免缩水现象。

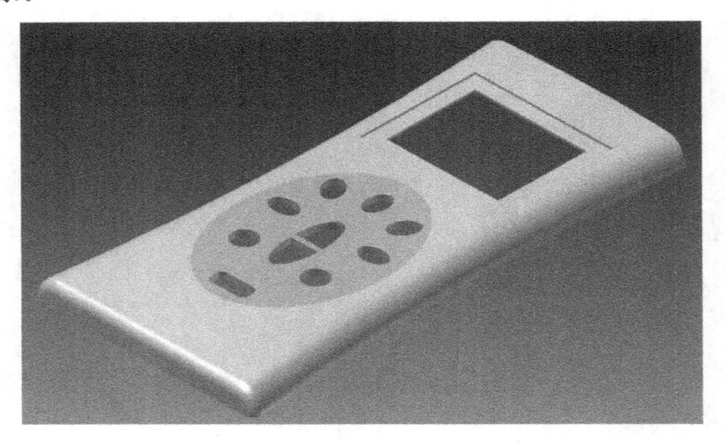

图 1-5

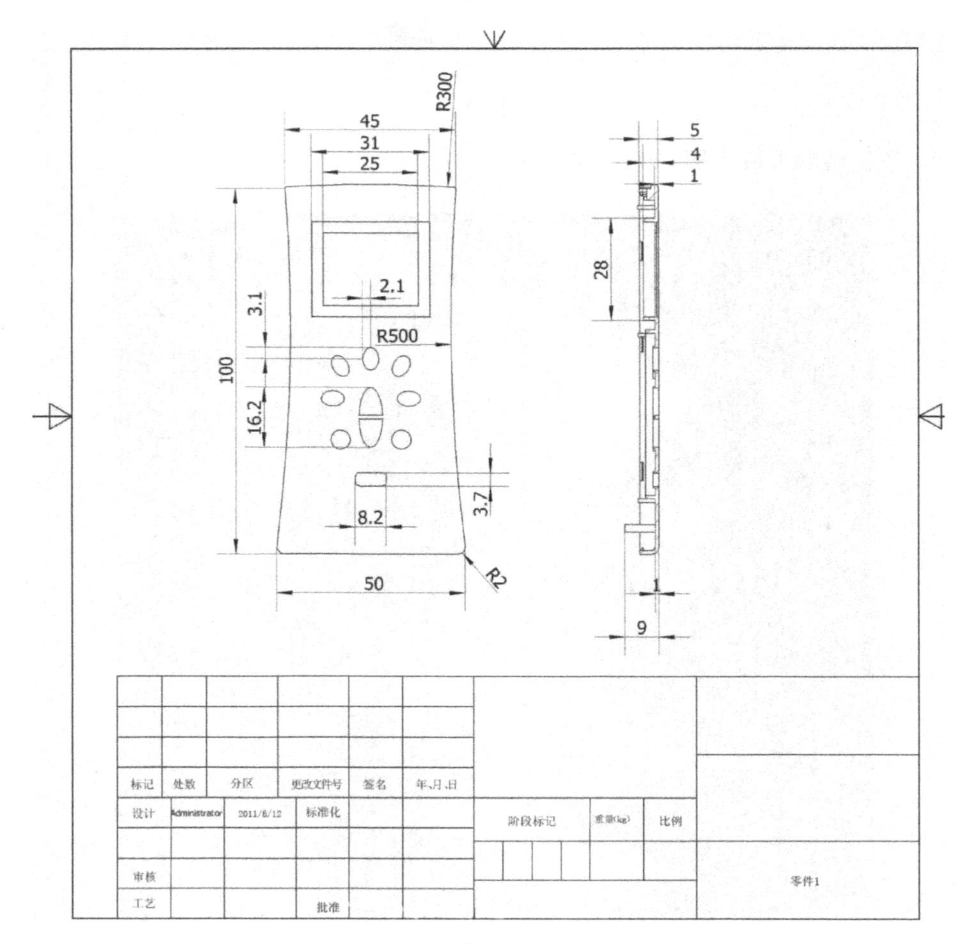

图 1-6

5. 下壳参考效果图和尺寸图，如图 1-7、图 1-8 所示。

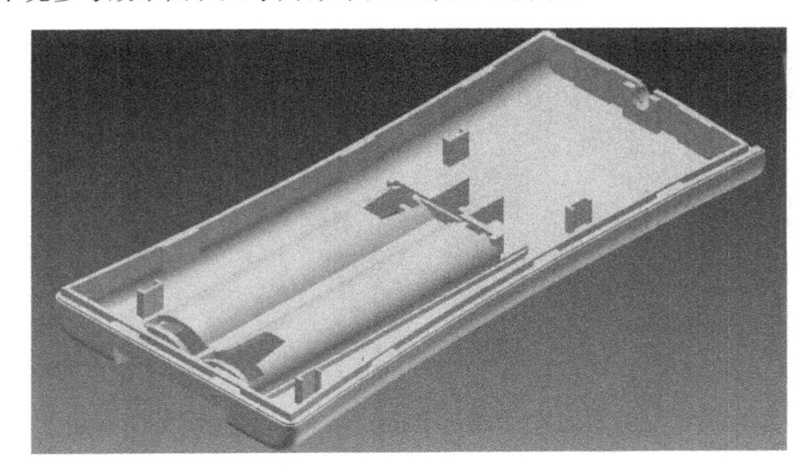

图 1-7

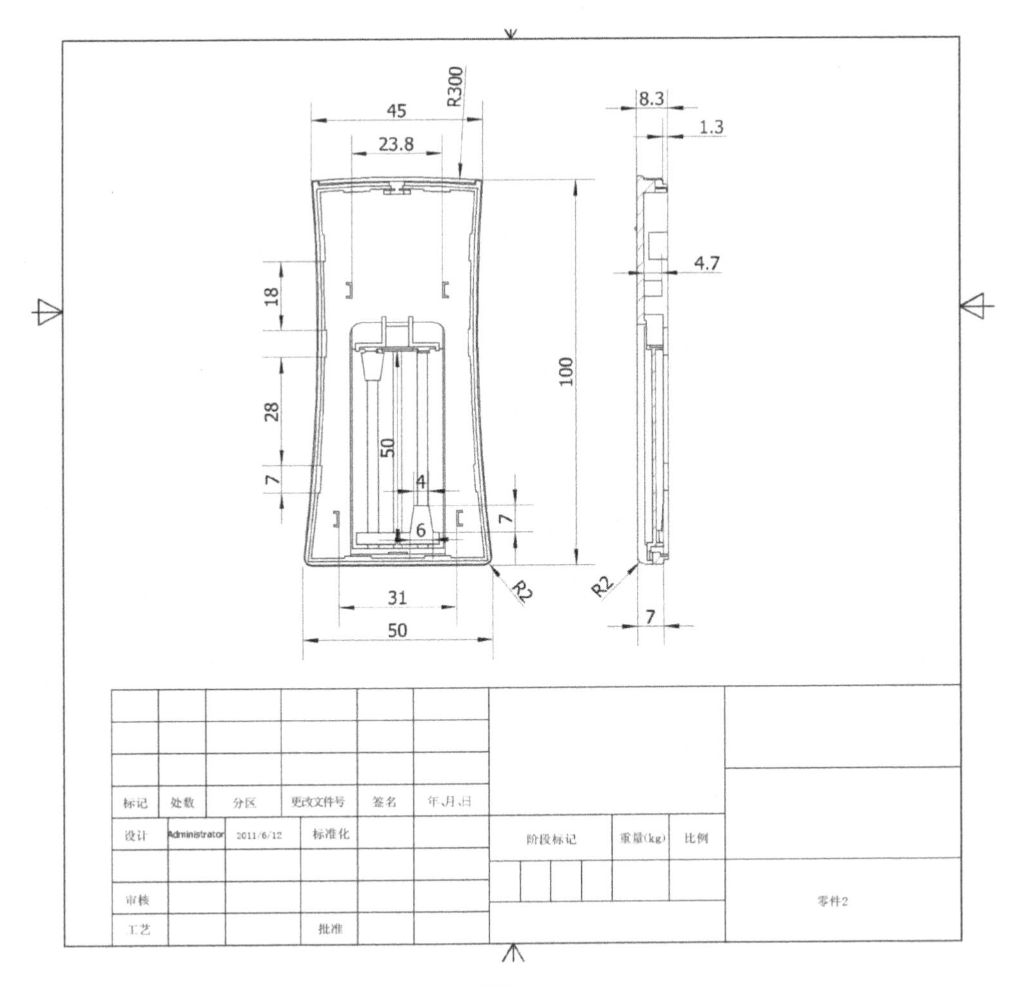

图 1-8

6. 按键板参考效果图和尺寸图，如图 1-9、图 1-10 所示。

图 1-9

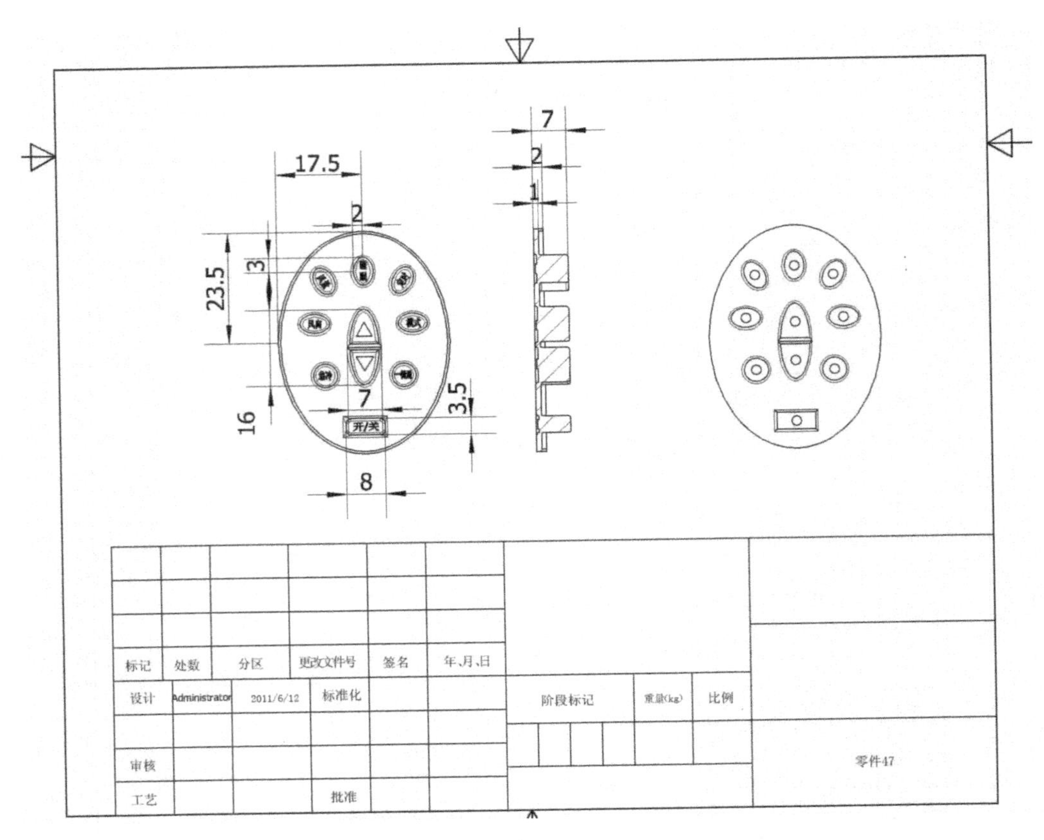

图 1-10

7. 电池门参考效果图和尺寸图，如图 1-11、图 1-12 所示。

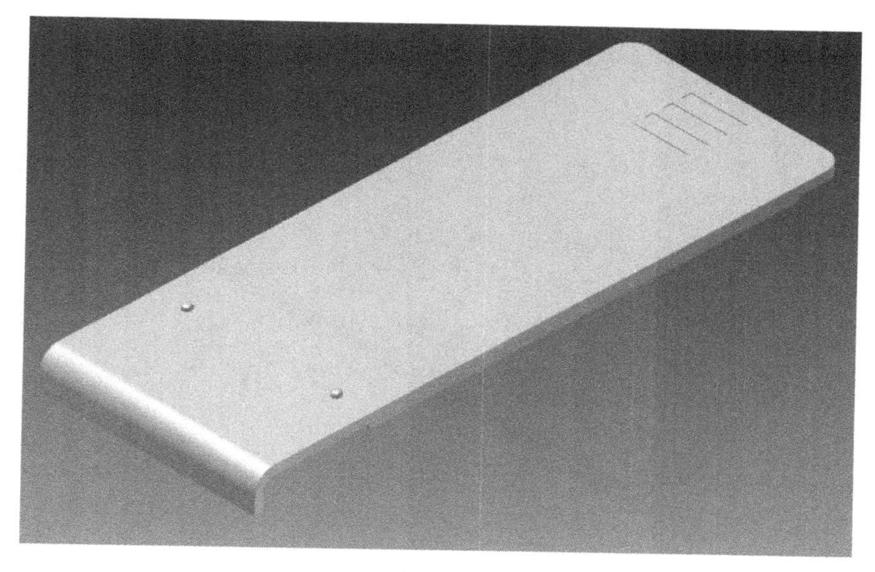

图 1-11

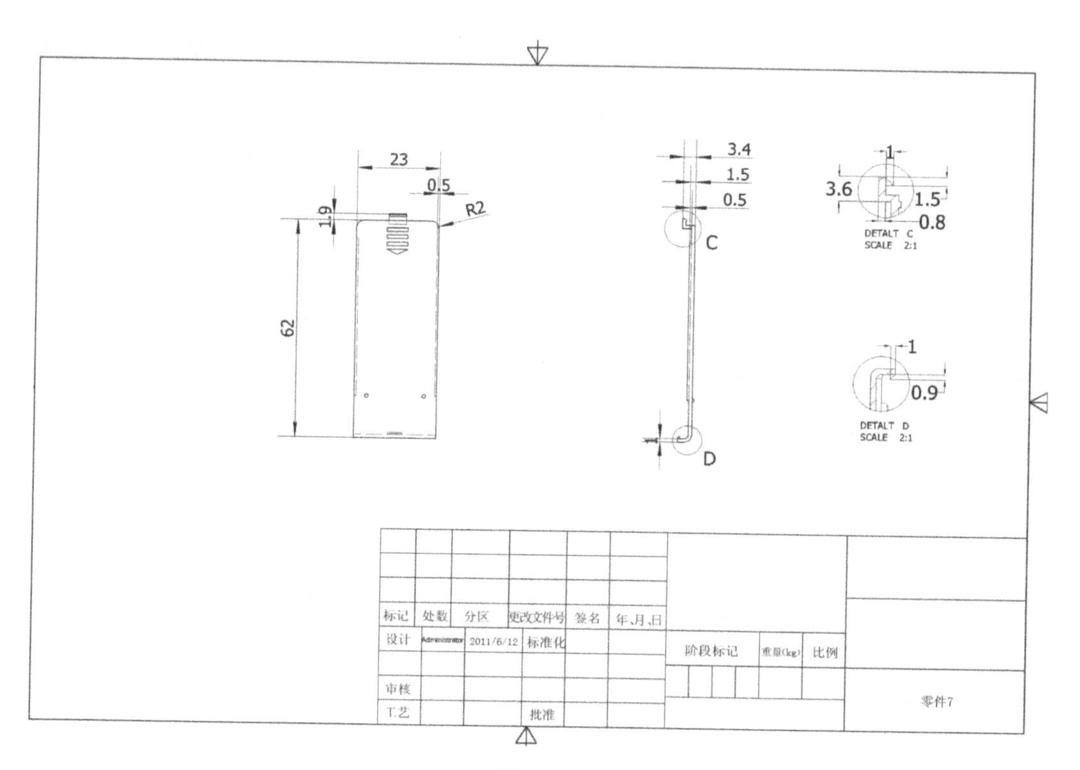

图 1-12

8. 弹力卡扣电池门参考效果图，如图 1-13、图 1-14 所示。

图 1-13

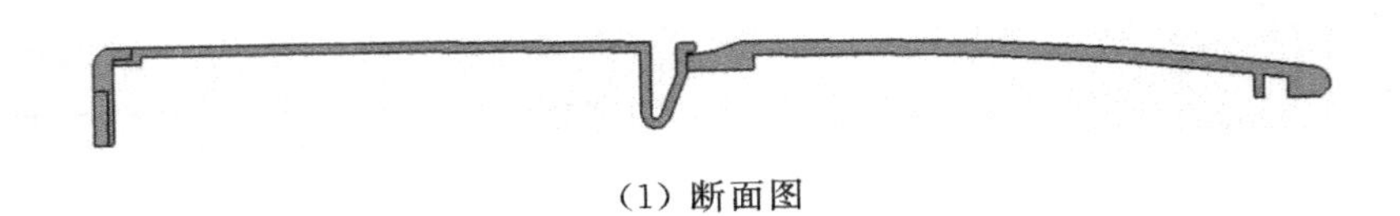

（1）断面图

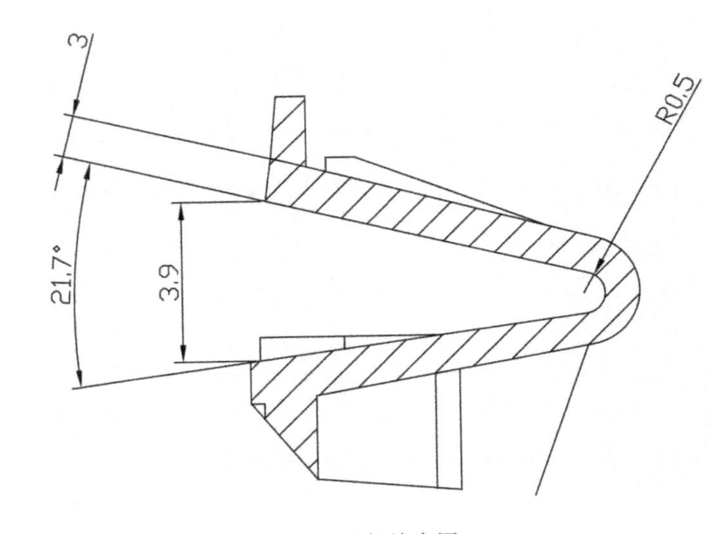

（2）局部放大图

图 1-14

9. 带螺钉孔的电池盖参考效果图，如图 1-15 所示。

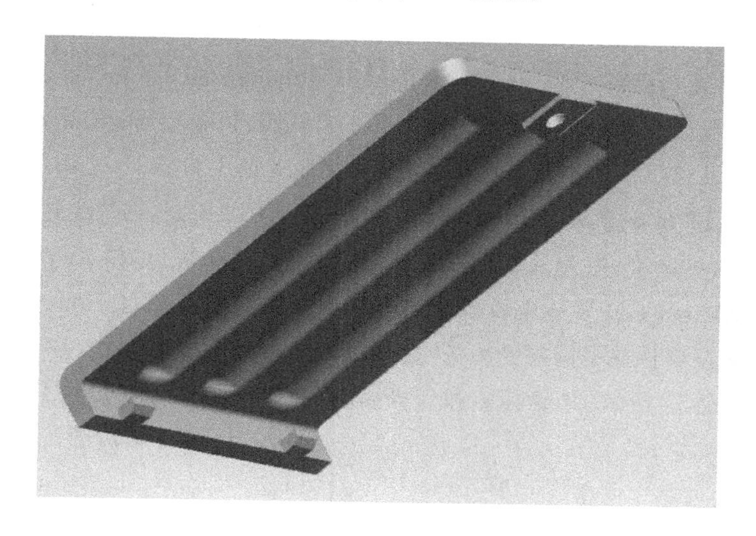

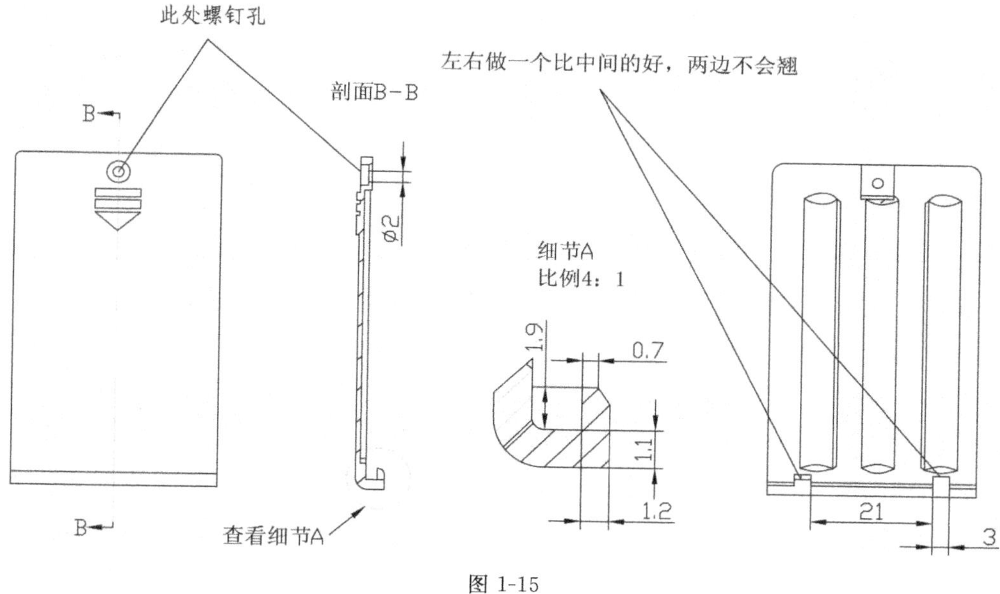

图 1-15

相关知识点

1. 一般电子产品的结构设计步骤

LENS 结构—LCD 结构—夜光结构—连接螺纹柱结构—防水结构—按钮结构—PCB 结构—电池结构—辅助结构—尺寸检查—手板制作—模具研发。

2. PCB 结构

PCB 是电子元件附着的载体，一般小电子产品的推制板厚度选用 0.8mm，主控制板(以下简称COB)厚度选用1mm。一般大电子产品(如挂墙钟)的推制板厚度选用1mm,COB厚度选用1.2～1.6mm。如果PCB面积不足以满足布线要求,可以采用增加跳线,单面板改双面板,双面板改多层板(如电脑的主板)。PCB上的电子元件按大小可分为普通元件和贴片元件、普通元件如线圈、大电容等;贴片元件如贴片电阻、贴片电容、贴片IC。小电子产品(如电子钟)的反光片和COB之间的间隙是要留给IC的,因为IC最好靠近LCD的PITCH位置以方便走线。IC经过绑定封胶,至少需要1.5mm的高度,反光片截面成楔形,也有利于摆放IC;如果LCD和COB之间是用导电胶条连接的,压紧导电胶条的螺丝之间的间距不要超过15mm,以免出现缺画。PCB上的按键位置是需要受力的,应尽量离螺丝柱和卡槽近点,必要时反面加支撑点。数码产品常用到的电源插座和耳机插座也是要受力的,可以在PCB上插座对应的另一侧加支撑骨。

3. LENS结构

许多电子产品有LENS结构,镜片的厚度一般取1.5mm,特殊情况下也可以取1mm,手机镜片还可以更薄点(注意:如果要丝印应把丝印面做成平面;手机镜片受外形影响,两侧都是曲面的,可以用模内转印)。镜片通常用双面胶固定,双面胶需预留0.15～0.2mm的空间;如果有防水要求,镜片还可以用超声波焊接,这种情况壳体上要预留超声线结构。

4. LCD结构

对电子产品来说,LCD(液晶显示屏)结构的好坏直接影响到显示的效果。LCD通常做成方形,必要时可以切角,做成多边形。LCD厚度通常是2.7mm,超薄的也有1.7mm。单块的LCD需和主板(COB)相连才能显示,常用连接方式有导电胶条和热压斑马纸。导电胶条要设置预压量,通常预压量为10%～15%,预压量太少LCD容易缺画,预压量太多LCD容易被顶绿;热压斑马纸不需预压,但成本较高。LCD与LENS不能直接贴合,贴合容易产生水纹,通常LENS外装,LCD内装,中间用面壳隔开,面壳局部掏胶至少0.5mm。LENS到LCD之间也要保持洁净,通常做成封闭结构,数码产品中LCD常做成组件,用铁框或塑料框包成一个整体。数码产品中LCD组件与面壳之间留0.3mm的间隙,用0.5mm的海绵隔开,并可以防尘。

5. 夜光结构

常用的夜光光源有LAMP(灯)、LED(发光二极管)、EL片,常用的夜光结构有反光罩、反光片、EL支架等。LAMP光较散,通常配合反光罩使用,反光罩成锅状,内喷白油,LAMP套上不同颜色的灯套,可得到红、绿、蓝等彩色效果。LAMP也可配合反光片使用。LED光路较为集中,通常配合反光片使用,为有效提高亮度,反光片厚度最好大于2mm。反光片横截面可做成楔形,背面喷白油,光线从侧面进入,可均匀反射到前面；在侧面也喷上白油（入光口除外），以减少光线流失，提高亮度。LED本身有红、橙、绿、蓝、紫等彩色供选择。EL片的发光效果比较均匀，配合EL支架和EL导电胶条使用，有绿色、蓝色可供选择，通常做成与LCD显示区域的形状和大小一样。

项目二　课桌结构设计

任务

设计成人学习课桌的外观造型及结构。根据给定的已知条件，建立各零件的三维模型和零件工程图，建立课桌的效果图、爆炸图。了解钣金的加工工艺，掌握钣金的结构设计知识。

要求

1. 桌面材料采用 17mm 热压防火多层胶合板，侧板采用 1mm 钣金，桌斗采用 0.7mm 钣金，桌腿采用 20mm×49mm×1mm 扁圆管型材，脚套采用 PP 工程塑料。

2. 产品符合人体工学原理，造型简洁新颖，外观时尚，桌子高度可调范围为 630～780mm，桌面尺寸为 400mm×600mm。

3. 桌子结构合理，符合钣金的加工工艺要求。

已知条件

1. 课桌参考三维效果图，如图 2-1 所示。

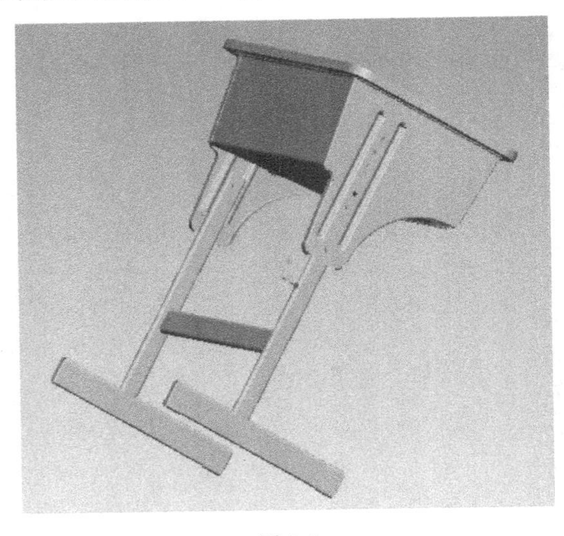

图 2-1

2. 课桌参考爆炸图,如图 2-2 所示。

3. 课桌桌腿模型参考图,如图 2-3 所示。

4. 课桌侧板三维模型参考图,如图 2-4 所示。侧板尺寸图,如图 2-5 所示。

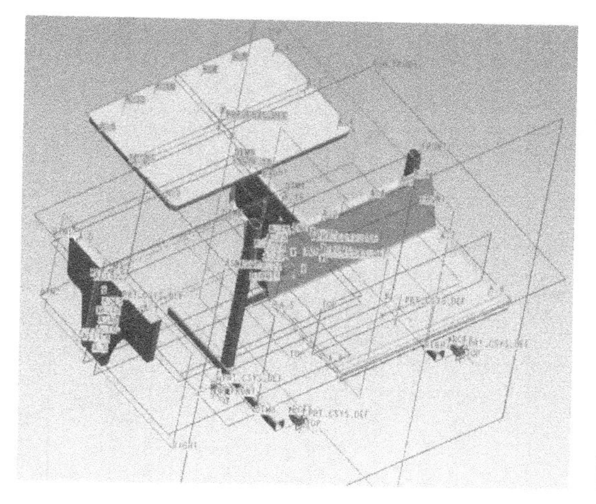

图 2-2

图 2-3

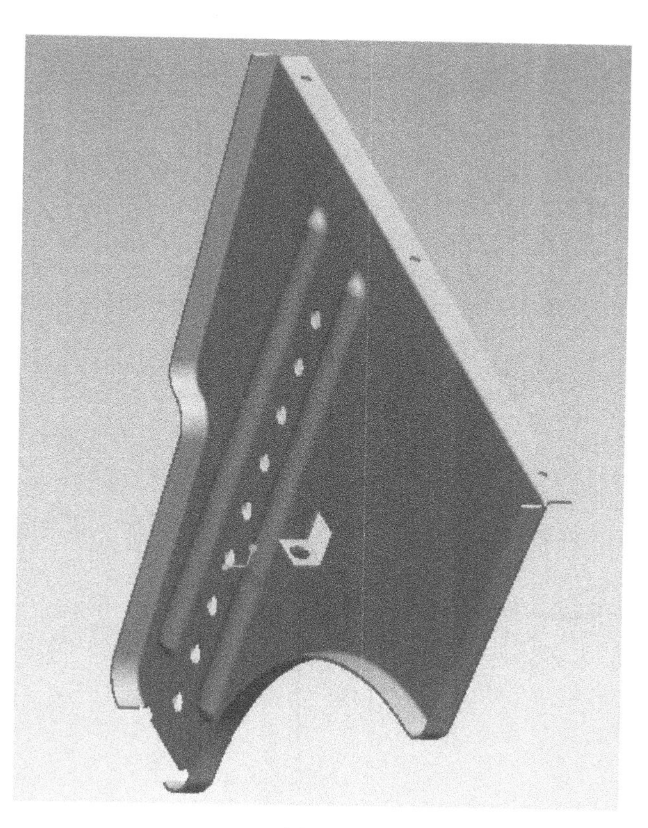

图 2-4

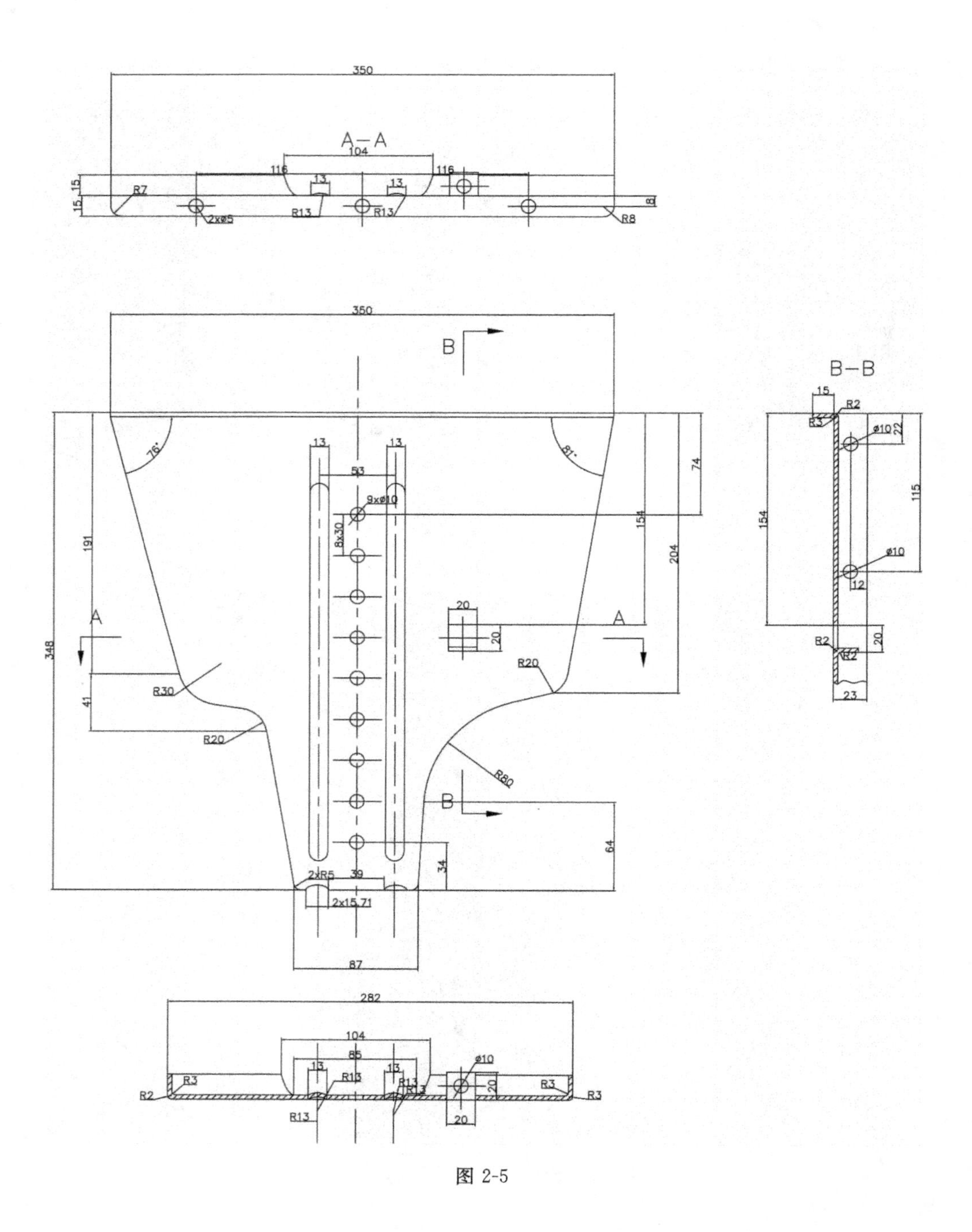

350
A—A
104
116
13
13
116
15
15
R7
2xø5
R13
R13
R8
8
350
B
B—B
15
R2
R3
ø10
22
13
13
53
9xø10
8x30
76°
81°
74
191
154
204
115
154
ø10
12
20
20
A
A
R2
20
R2
R20
348
41
R30
23
R20
R80
B
64
34
2xR5
39
2x15.71
87
282
104
85
13
13
R13
R13
R13
ø10
R3
R3
20
R2
R3
R13
20

图 2-5

5. 桌脚套三维模型参考图，如图 2-6 所示。

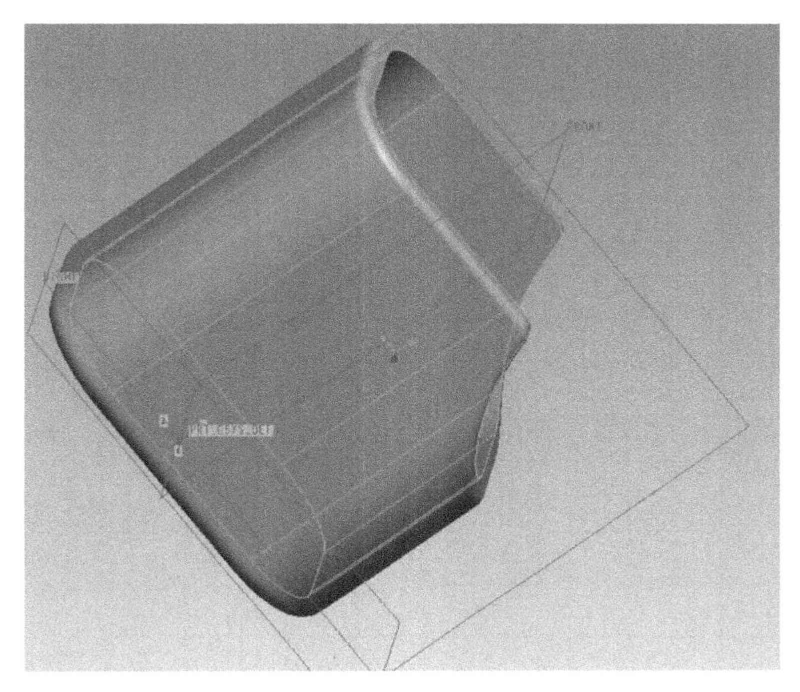

图 2-6

6. 桌斗三维模型参考图，如图 2-7 所示。桌斗尺寸图，如图 2-8 所示。

图 2-7

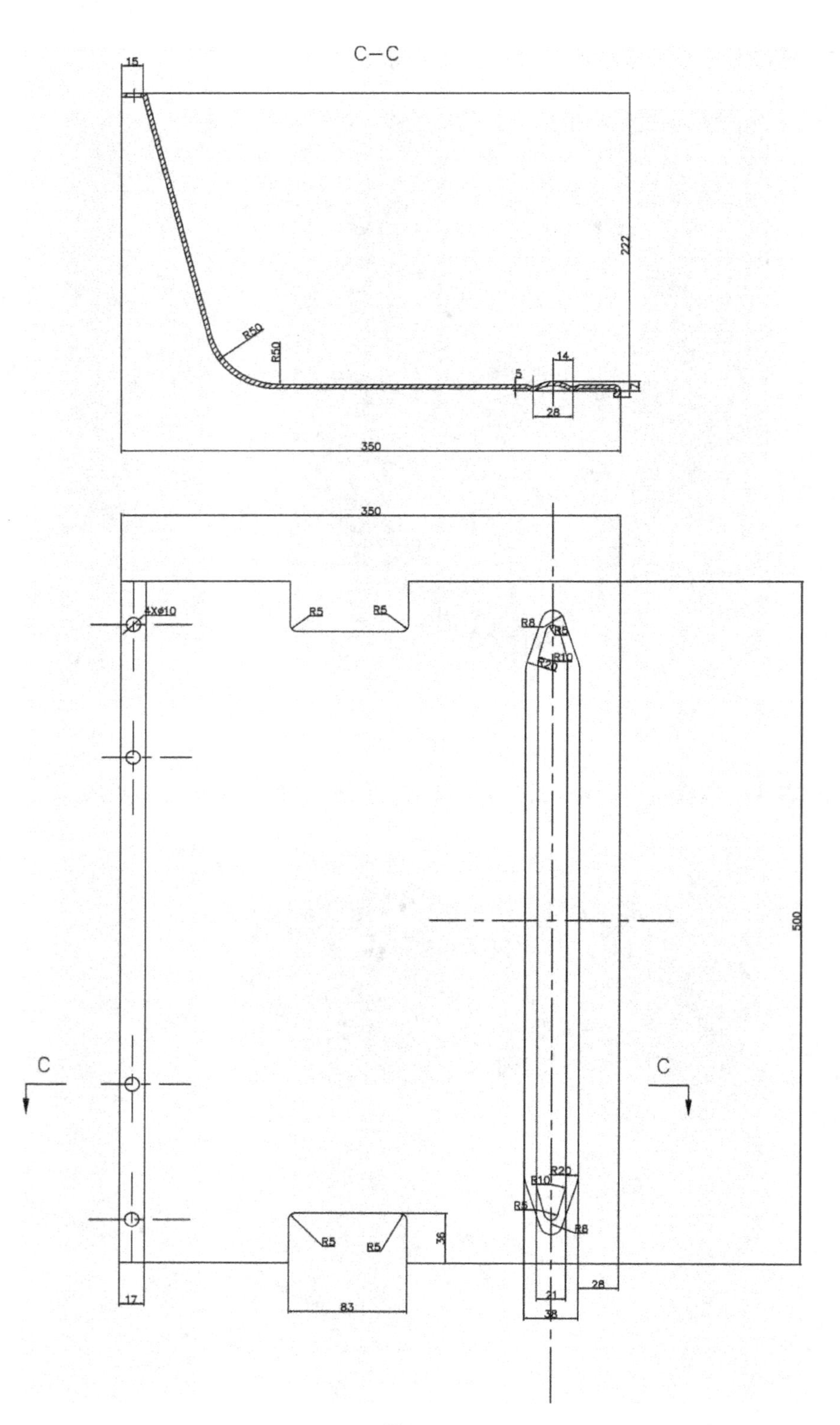
C—C
15
222
R50
R50
5
14
28
350
350
4Xø10
R5
R5
R8
R5
R10
R20
500
C
C
R20
R10
R5
R8
R5
R5
36
17
83
21
38
28

图 2-8

项目三　扩音器结构设计

任务

给定扩音器的内部元器件，包括：电路板、喇叭、电池等。设计扩音器的外观造型及结构。根据给定的已知条件，建立各零件的三维模型和零件工程图，建立扩音器的效果图、爆炸图。掌握美工槽、螺钉链接、电池仓和电池门的结构设计。

要求

1. 产品具有防雨防粉尘功能。
2. 产品符合人体工学原理，造型简洁新颖，外观时尚。
3. 扩音器有一个可拆卸的挂钩设计，便于使用时挂在腰间。
4. 壳体采用塑料材料，应有足够的强度。
5. 产品结构合理：
(1) 两塑料件的结合处设置美工槽。
(2) 前盖、后盖、电池盖链接牢固。

已知条件

喇叭形状与尺寸，如图 3-1 所示。电路板形状与尺寸，如图 3-2 所示。

(a) 喇叭实物

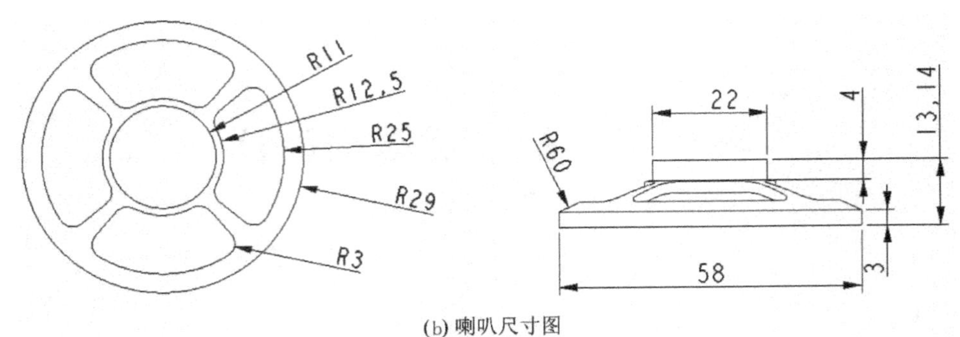

(b) 喇叭尺寸图

图 3-1

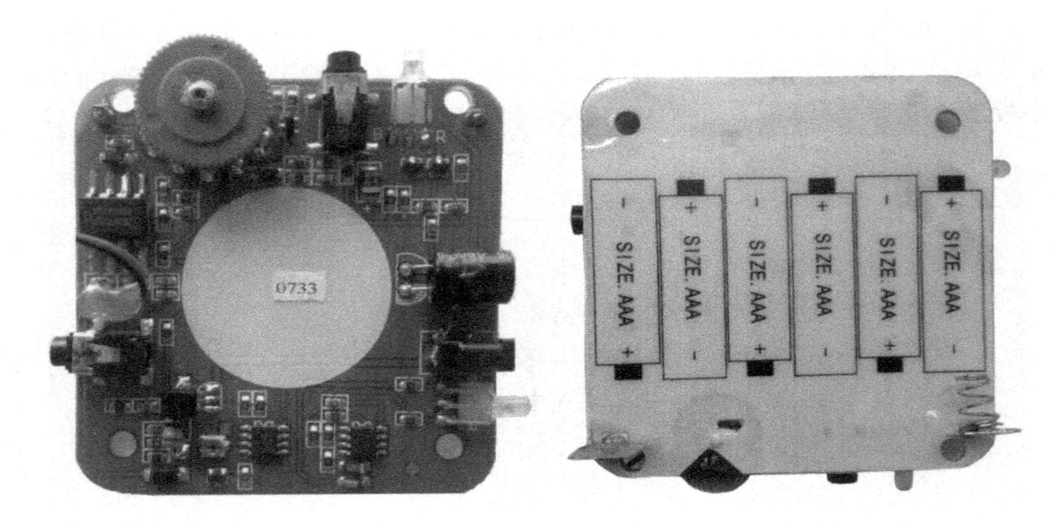

(a) 线路板实物

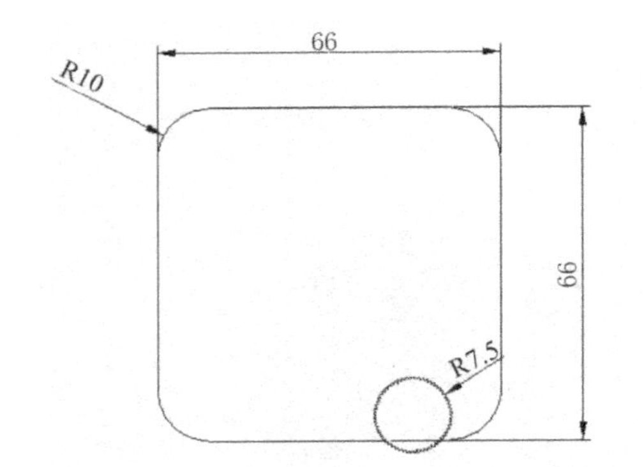

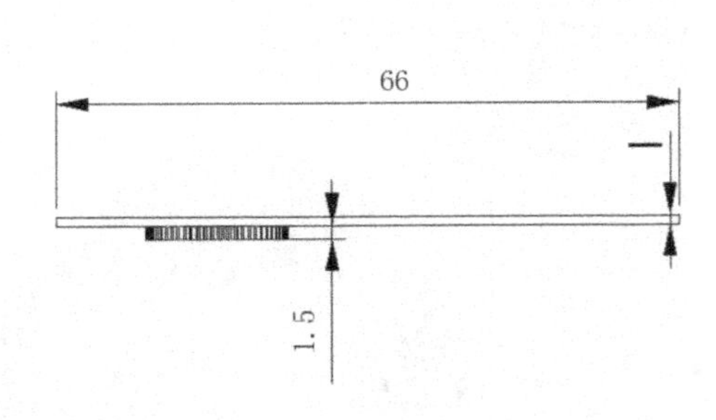

(b) 线路板尺寸图

图 3-2

一、后盖建模操作步骤

步骤 1　设置工作目录

单击菜单【文件】→【设置工作目录】命令，将文件放置在新建立的文件夹下，如图 3-3 所示。

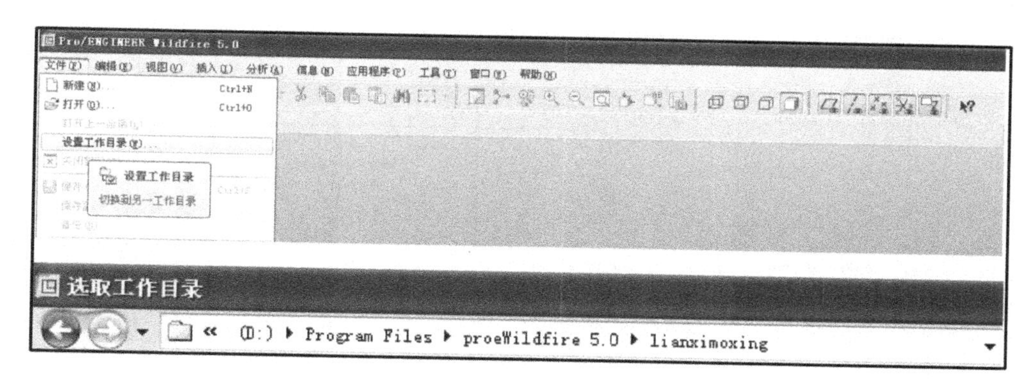

图 3-3

步骤 2　新建文件

单击工具栏中的新建文件按钮 ，在弹出的【新建】对话框中选择“零件”类型，单击“使用缺省模板”复选框取消选中标志，在【名称】栏输入新建文件名“hougai”，如图 3-4 所示。单击“确定”按钮，打开【新文件选项】对话框。选择“mmns_part_solid”模板，按下“确定”按钮，进入三维零件绘制环境，如图 3-5 所示。（注：有些细节参数在光盘视频里查找）

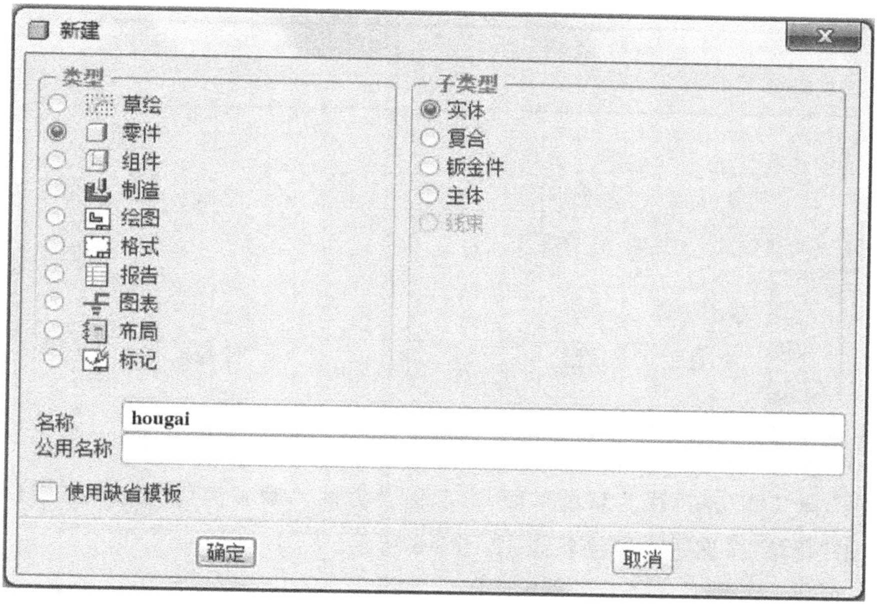

新建
类型
草绘
零件
组件
制造
绘图
格式
报告
图表
布局
标记
子类型
实体
复合
钣金件
主体
线束
名称　hougai
公用名称
使用缺省模板
确定　取消

图 3-4

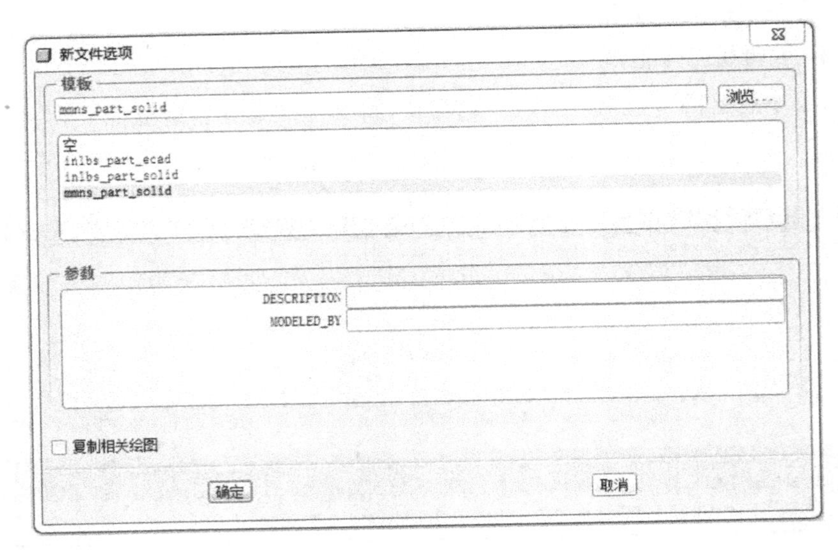

图 3-5

步骤 3　通过拉伸创建后盖

1. 单击按钮，打开拉伸特征操控板如图 3-6 所示。

2. 单击【放置】面板中的“定义”按钮，打开【草绘】对话框，如图 3-7 所示。

图 3-6

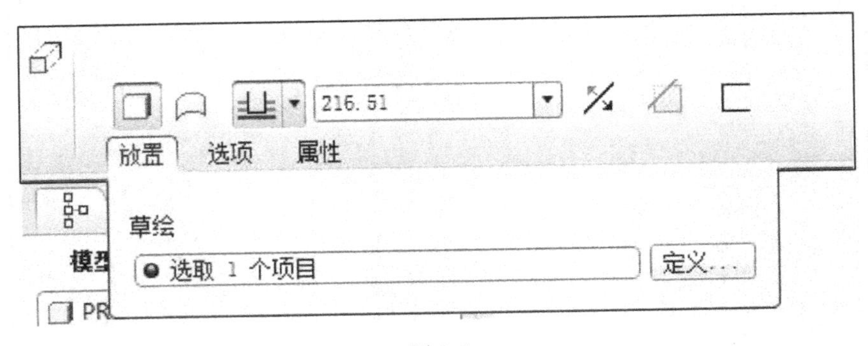

图 3-7

3. 选择 TOP 基准面为草绘平面，参照面及方向为缺省值(此处为 RIGHT 基准面)，单击“草绘”按钮进入草绘状态，如图 3-8 所示。

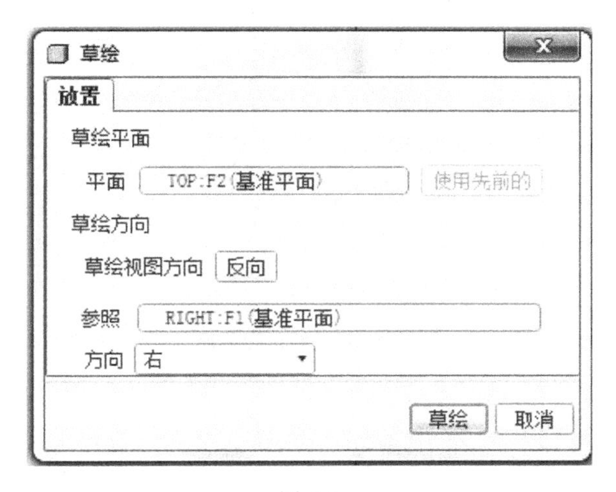

图 3-8

4. 绘制“后盖”轮廓线，如图 3-9 所示。

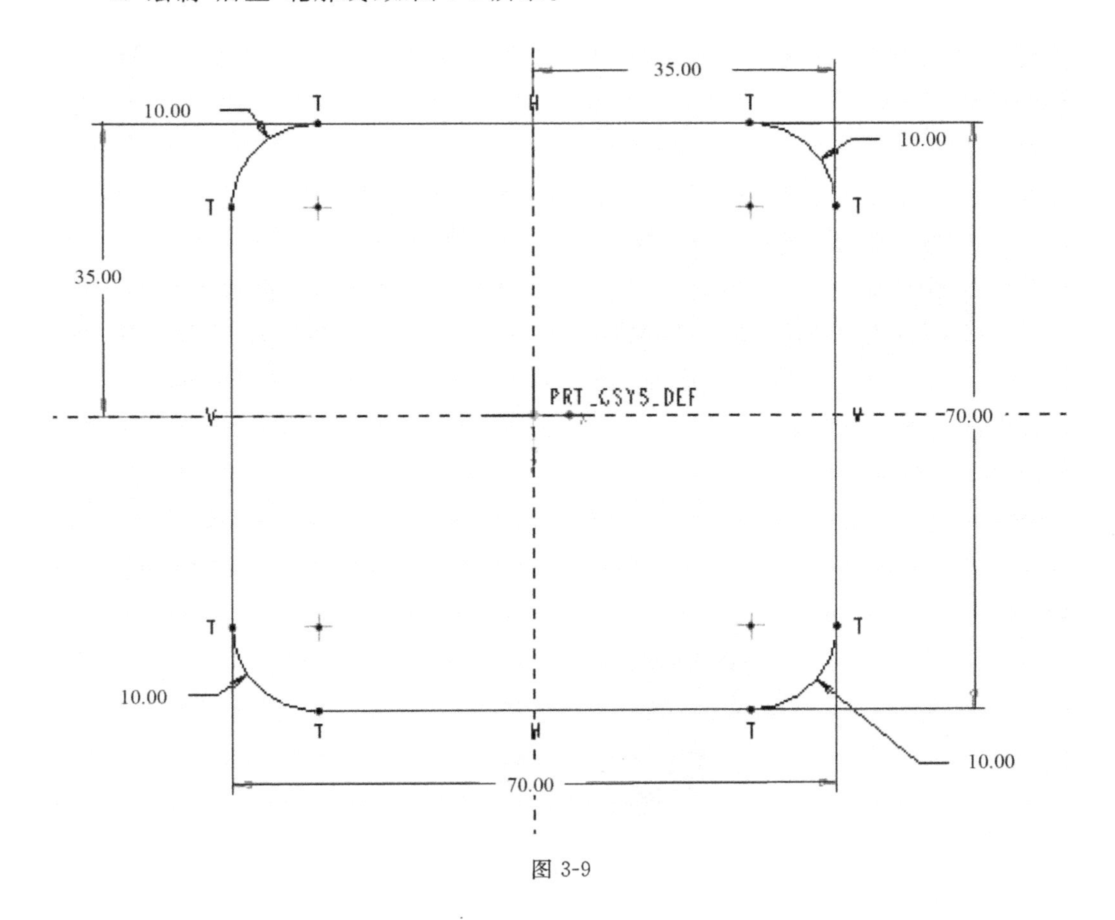

图 3-9

5. 单击“草绘完成”按钮✓，返回拉伸特征操控板，如图 3-10 所示。

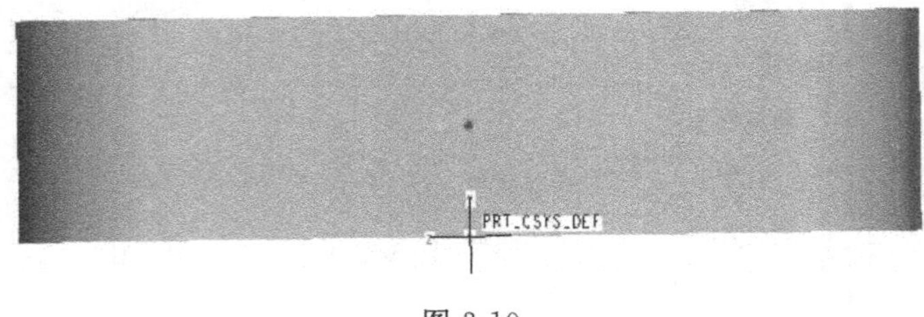

图 3-10

6. 在数字输入框输入 18，单击操控板上的✓按钮，如图 3-11 所示。完成零件创建，如图 3-12 所示。

7. 单击右下角操控面板的 按钮，给创建的零件进行倒角，如图 3-13 所示。

8. 单击操控板上的✓按钮，如图 3-14 所示。完成零件倒角，如图 3-15 所示。

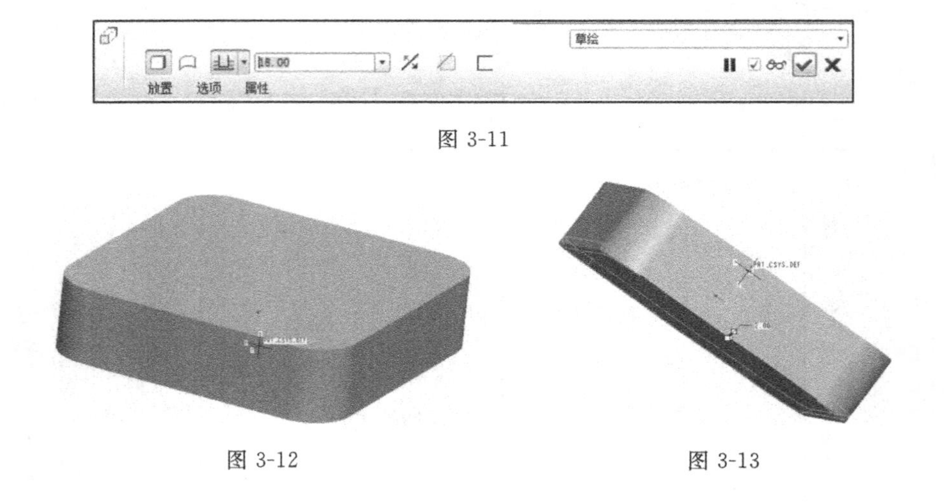

图 3-11

图 3-12

图 3-13

图 3-14

图 3-15

9. 单击 按钮，打开拉伸特征操控板。

10. 单击【放置】面板中的“定义”按钮，如图 3-16 所示。打开【草绘】对话框，如图 3-17 所示。

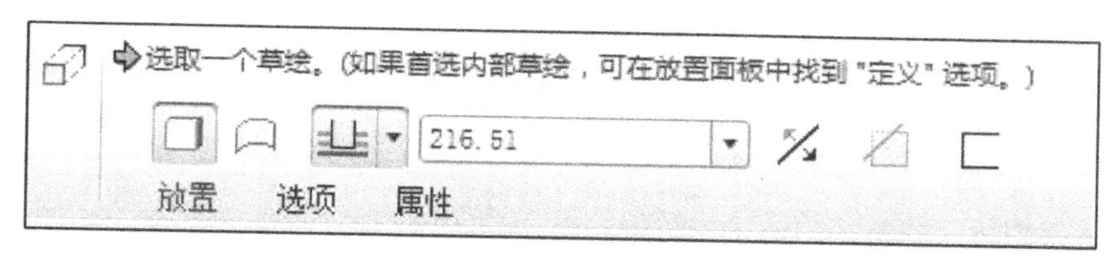

图 3-16

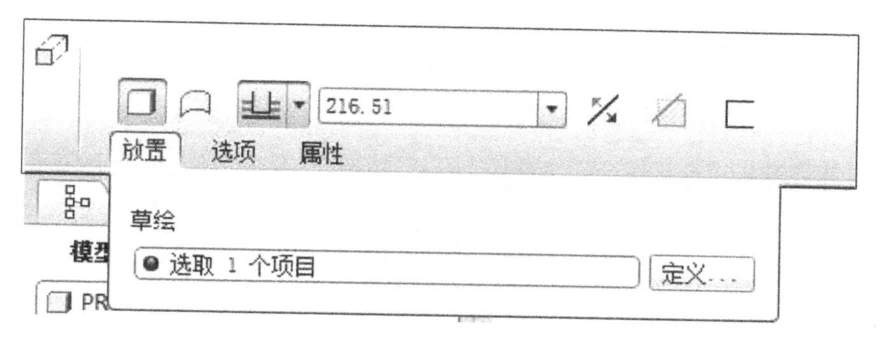

图 3-17

11. 选择零件上表面为草绘平面，参照面及方向为缺省值(此处为 RIGHT 基准面)，单击“草绘”按钮进入草绘状态，如图 3-18 所示。

12. 绘制“后盖”内轮廓线，如图 3-19 所示。

13. 单击草绘完成按钮 ✓，返回拉伸特征操控板。

14. 在零件拉伸中选择反向拉伸，如图 3-20、图 3-21 所示。

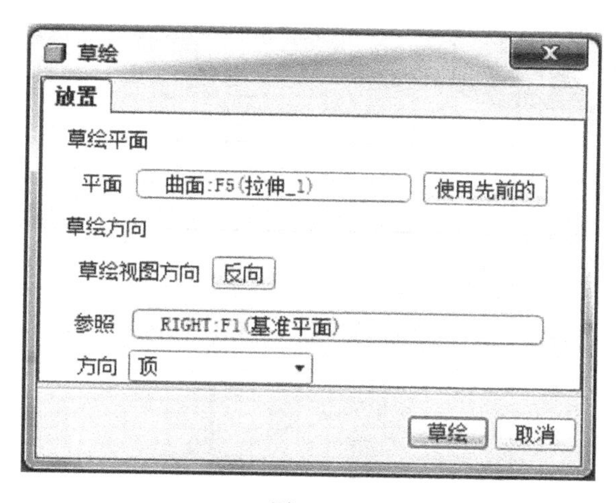

图 3-18

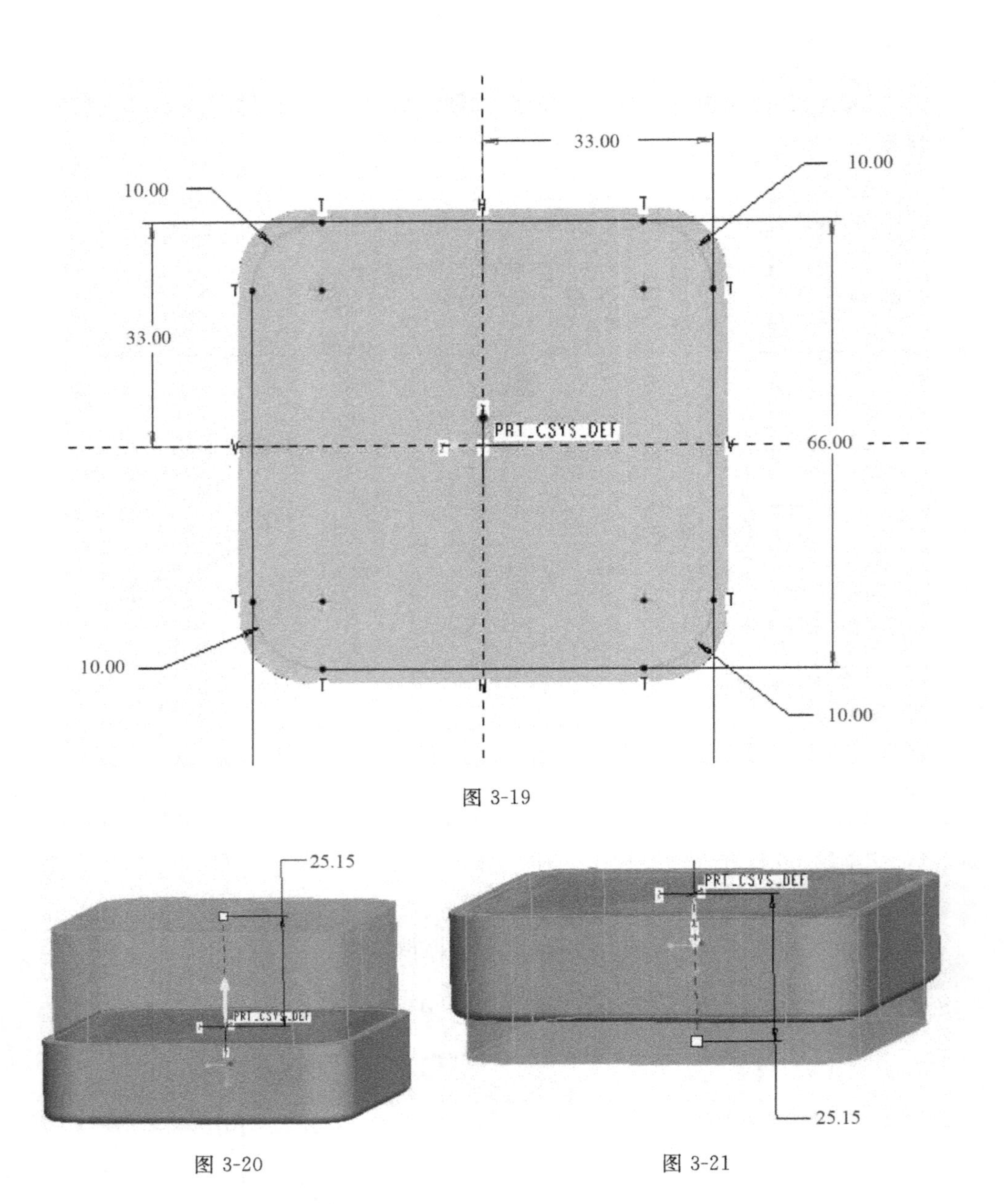

图 3-19

图 3-20

图 3-21

15. 在数字输入框输入 16，并单击切除按钮，最后单击操控板上的按钮，完成零件创建，如图 3-22 所示。

16. 单击按钮，打开拉伸特征操控板。选择下盖上表面为主平面，如图3-23、图 3-24 所示。

PRT_CSYS_DEF

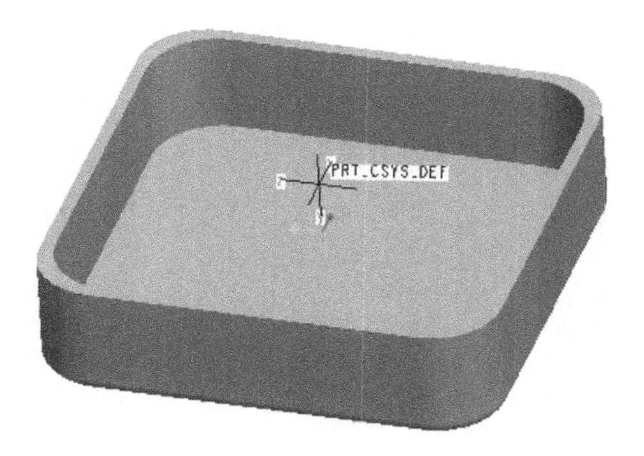

图 3-22

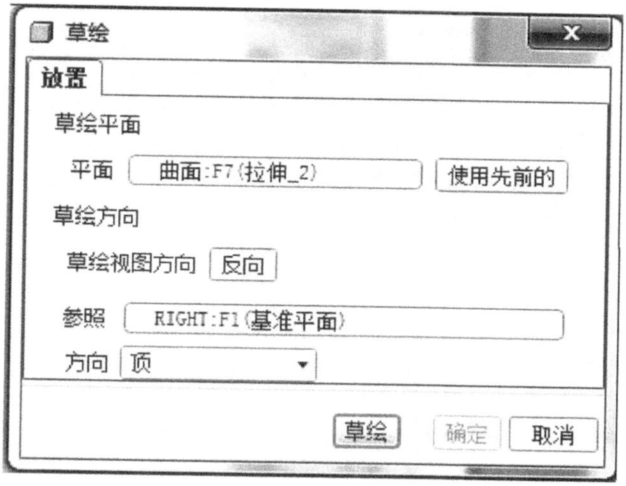

草绘
放置
草绘平面
平面
曲面:F7(拉伸_2)
使用先前的
草绘方向
草绘视图方向
反向
参照
RIGHT:F1(基准平面)
方向
顶
草绘
确定
取消

图 3-23

TOP
RIGHT
PRT_CSYS_DEF
FRONT

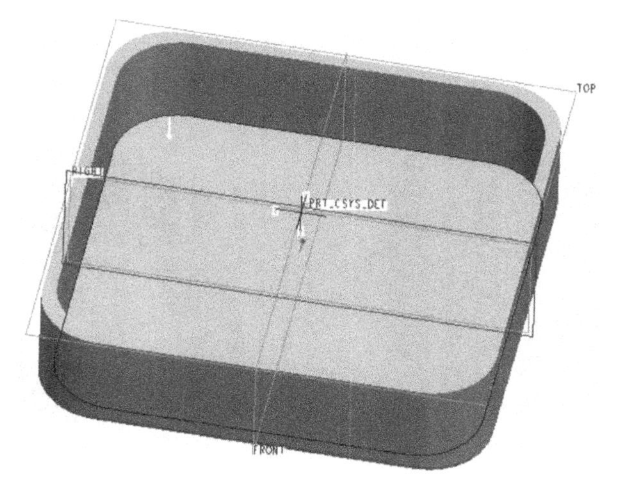

图 3-24

17. 进入草绘，绘制一个 45mm×60mm 的长方形，如图 3-25 所示。

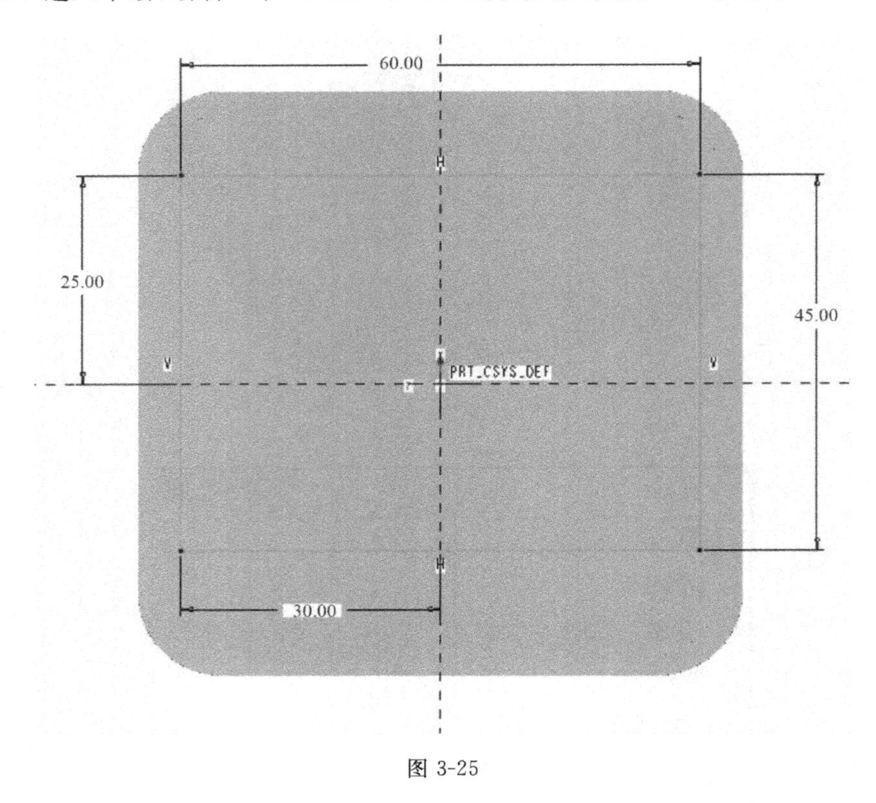

图 3-25

18. 单击草绘完成按钮✔，返回拉伸特征操控板。

19. 在零件拉伸中选择反向拉伸，并单击切除按钮，最后单击操控板上的✔按钮，完成零件创建，如图 3-26～图 3-28 所示。

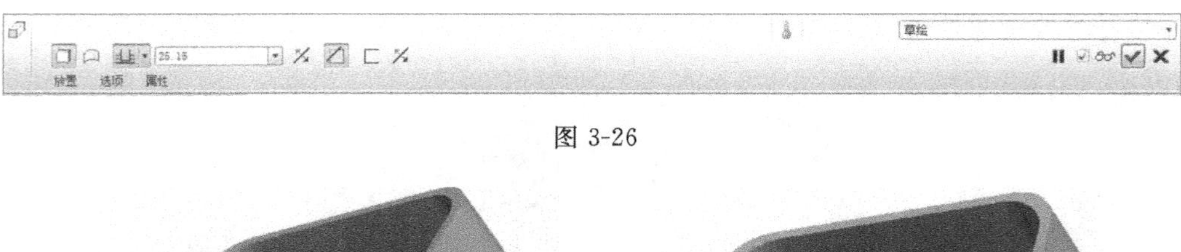

图 3-26

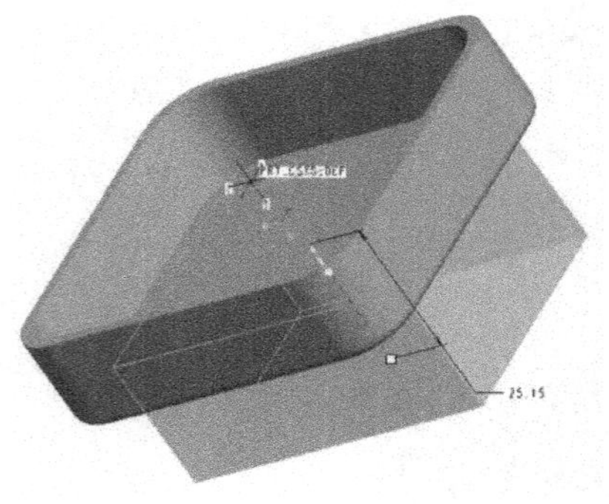

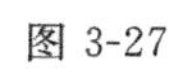

图 3-27

图 3-28

20. 单击按钮,打开拉伸特征操控板。选择后盖上表面为主平面,如图 3-29 所示。

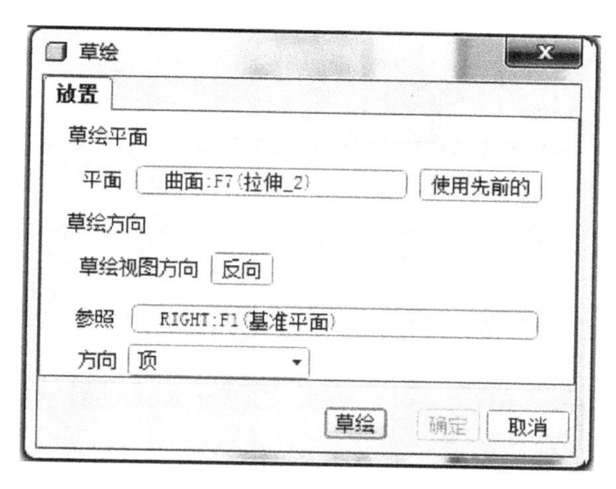

图 3-29

21. 进入草绘,绘制如图 3-30 所示的图形。

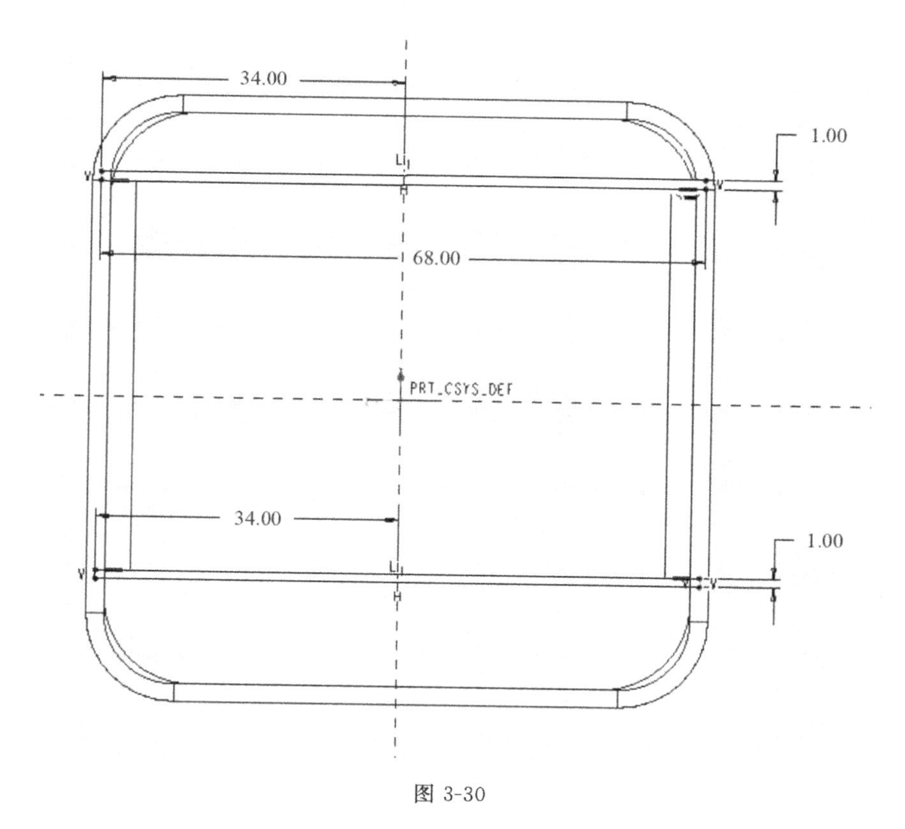

图 3-30

22. 单击草绘完成按钮,返回拉伸特征操控板。

23. 在零件拉伸中，拉伸高度为 11，最后单击操控板上的 ✔ 按钮，完成零件创建，如图 3-31 所示。

PRT_CSYS_DEF

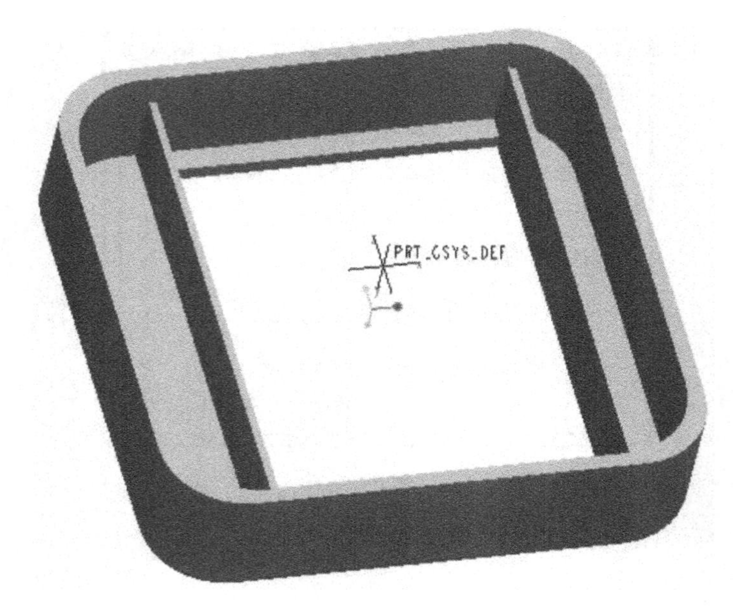

图 3-31

24. 对模型进行拉伸切割，单击 进行，选择好平面进入草绘，如图 3-32、图 3-33所示。

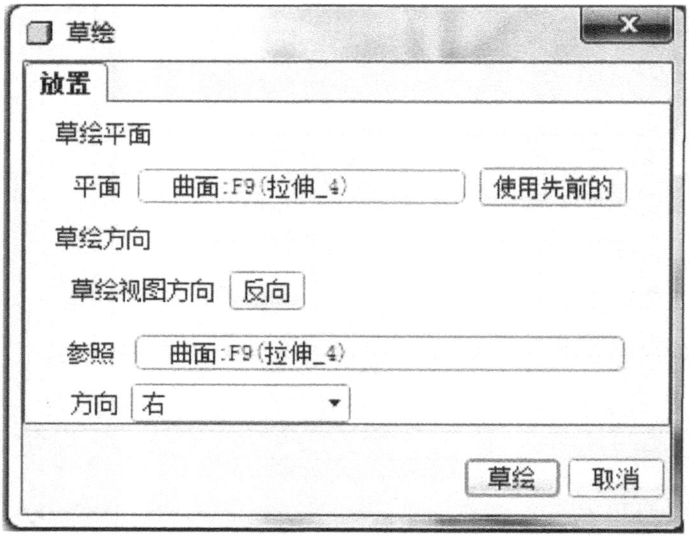

草绘
放置
草绘平面
平面
曲面:F9(拉伸_4)
使用先前的
草绘方向
草绘视图方向
反向
参照
曲面:F9(拉伸_4)
方向
右
草绘
取消

图 3-32

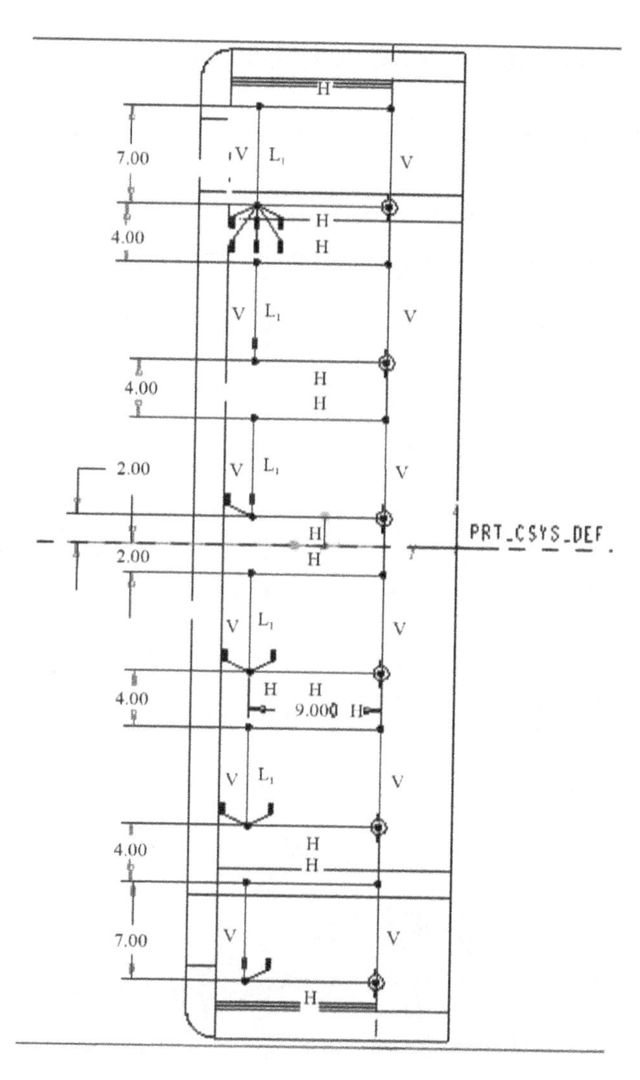

图 3-33

25. 完成草绘后，选择反向拉伸，并单击 切除按钮，完成零件的建立，如图 3-34、图 3-35 所示。

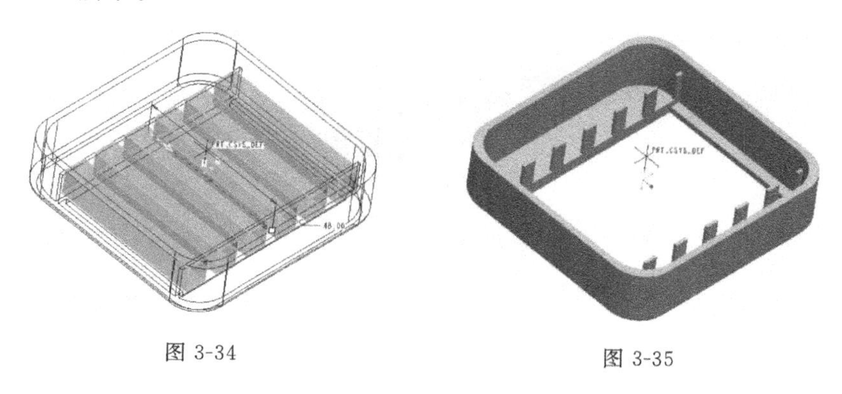

图 3-34　　　　图 3-35

26. 同上再建立模型，如图 3-36、图 3-37 所示。

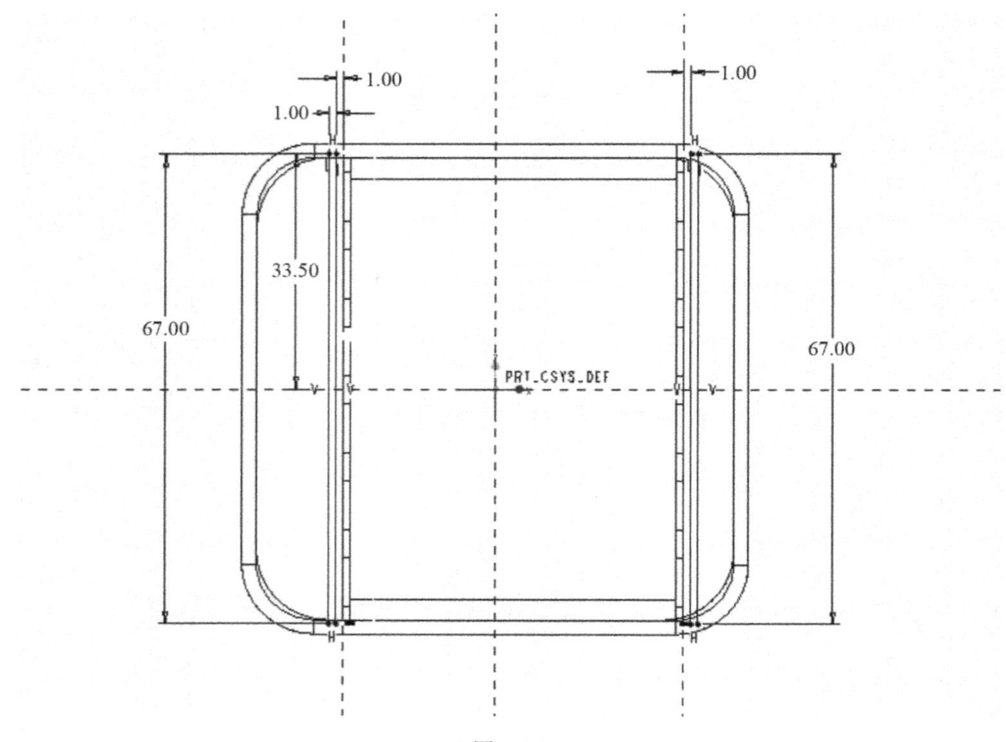

图 3-36

图 3-37

27. 对模型进行拉伸切割，单击 进行，选择好平面进入草绘，如图 3-38、图 3-39所示。

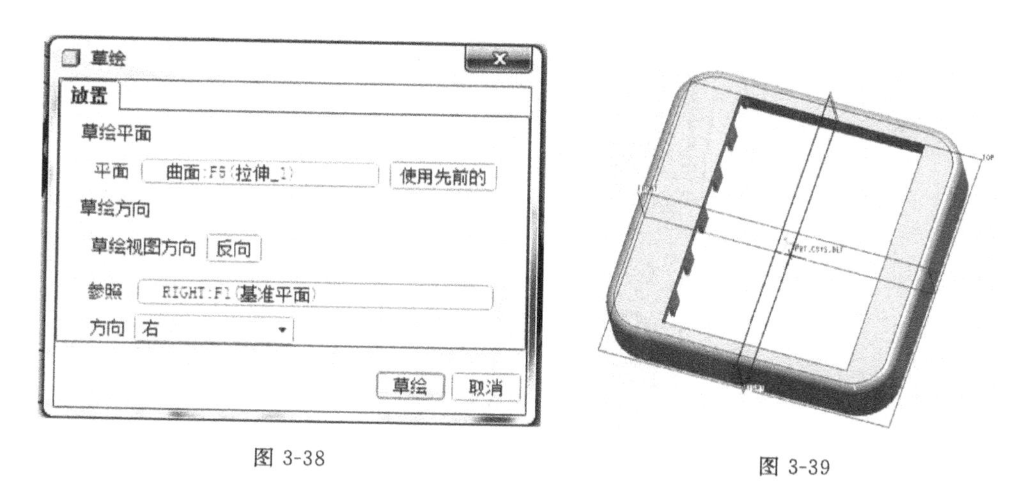

图 3-38

图 3-39

28. 绘制草绘，如图 3-40 所示。

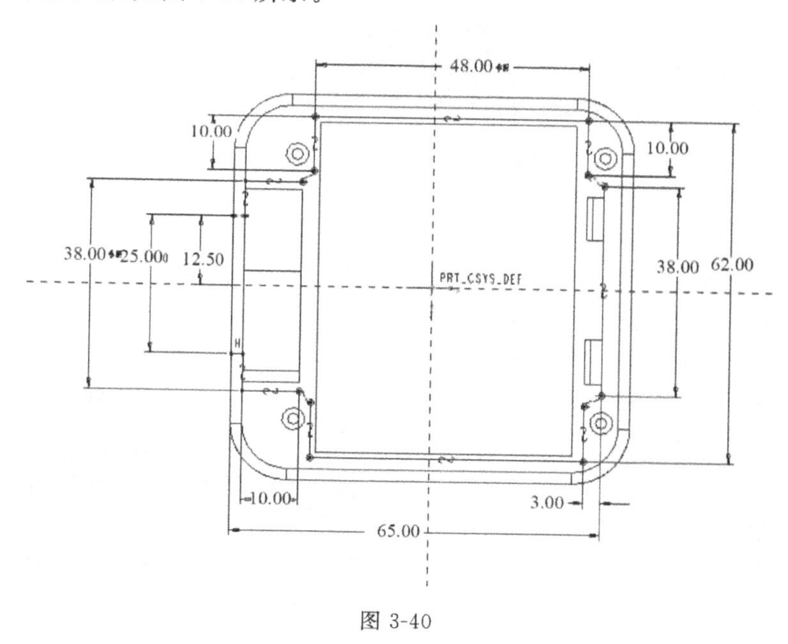

图 3-40

29. 完成草绘后，选择反向拉伸，并单击 切除按钮，完成零件的建立，如图 3-41、图 3-42 所示。

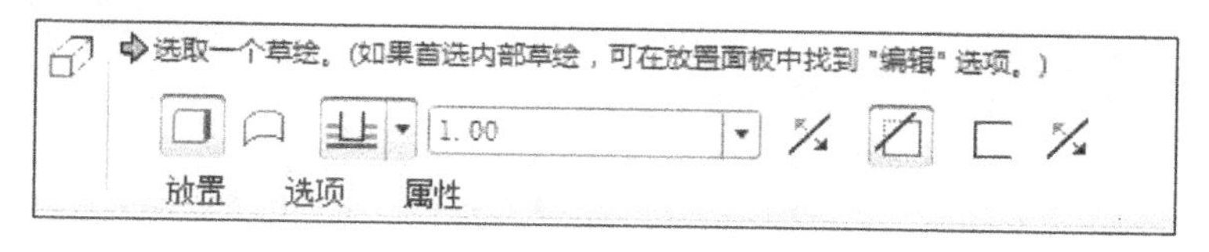

图 3-41

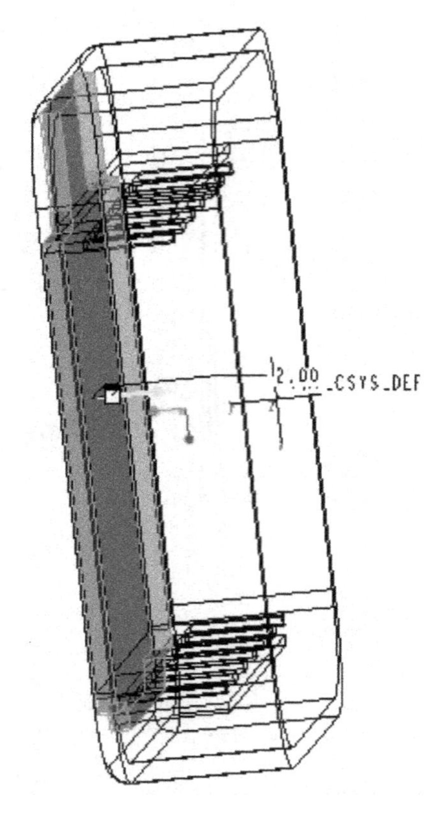

图 3-42

30. 单击操控板上的 ✓ 按钮，完成零件创建。

31. 继续使用拉伸切除，如图 3-43、图 3-44 所示。

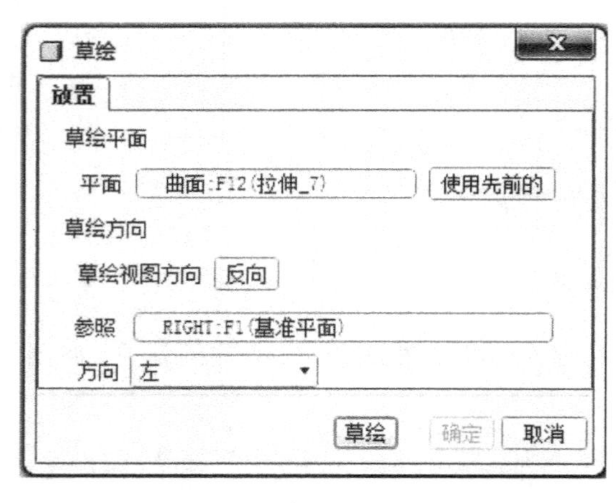

图 3-43

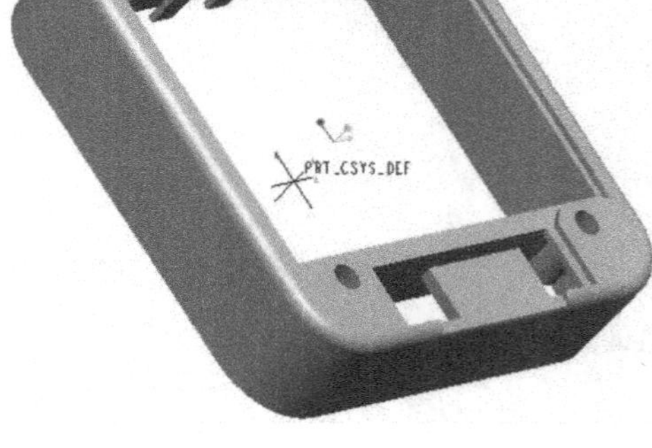

图 3-44

32. 绘制草绘,如图 3-45 所示。

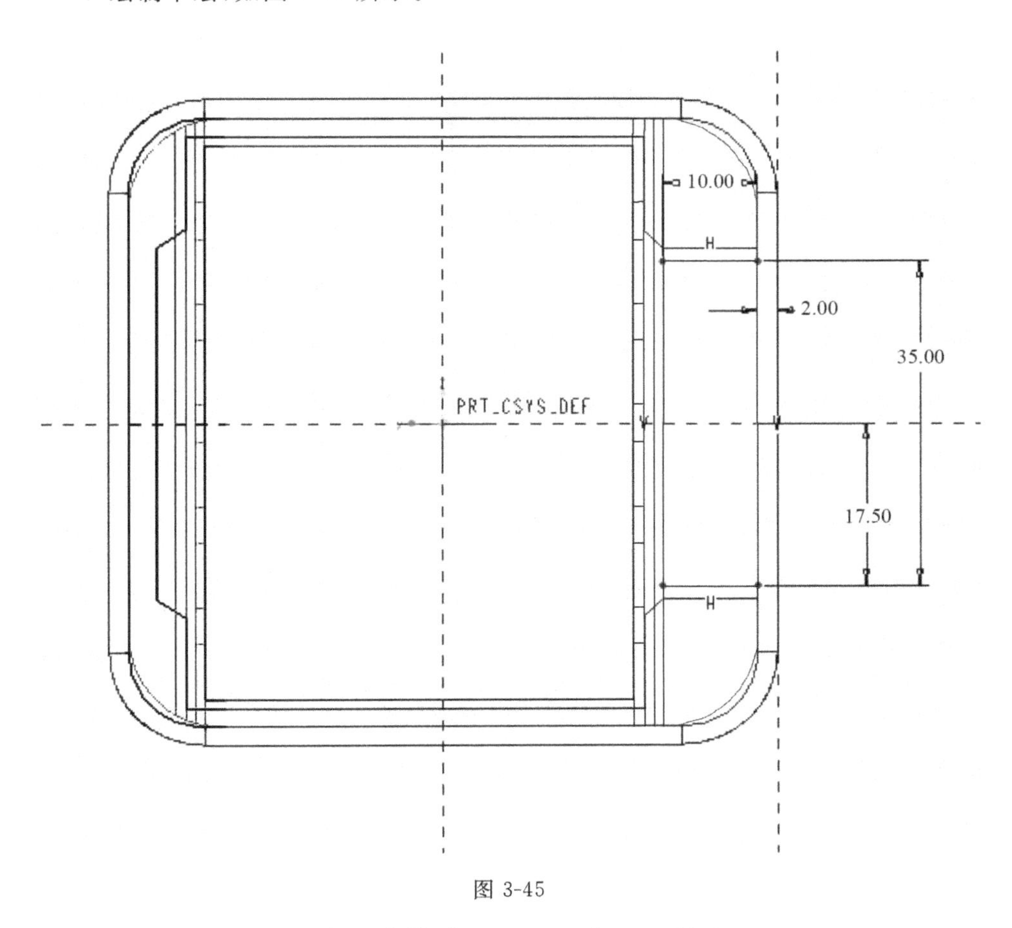

图 3-45

33. 选择拉伸切除,并完成建模,如图 3-46、图 3-47 所示。

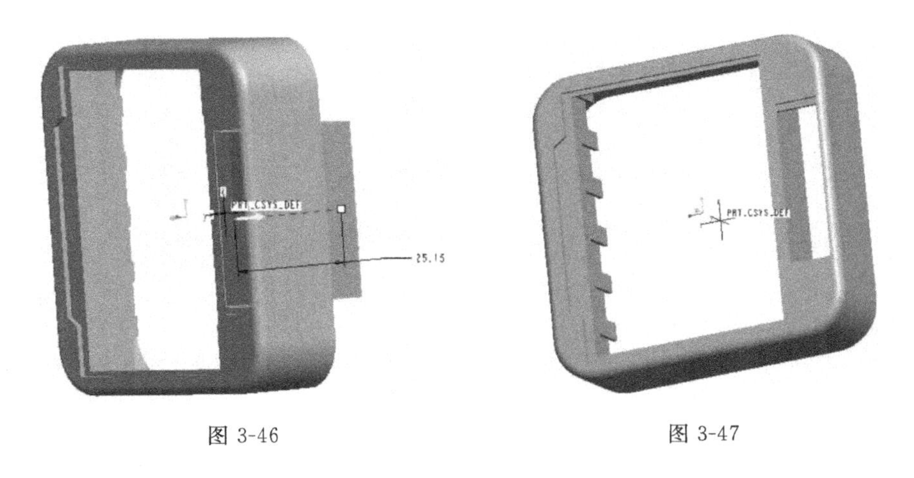

图 3-46　　图 3-47

34. 继续使用拉伸切除,选择平面,完成草绘并建立模型,如图 3-48～图 3-50 所示。

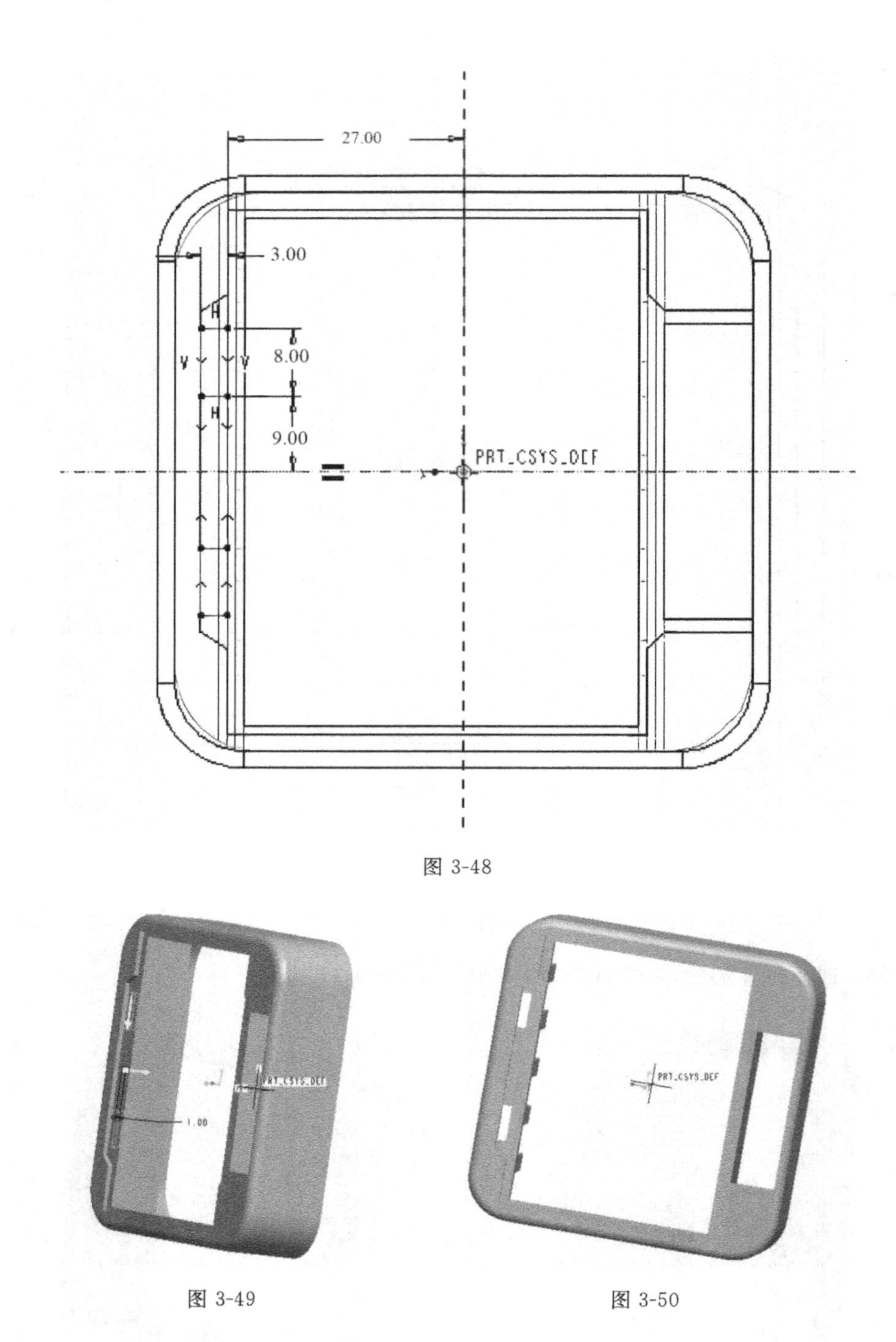

图 3-48

图 3-49

图 3-50

35. 选择拉伸功能，如图 3-51、图 3-52 所示。

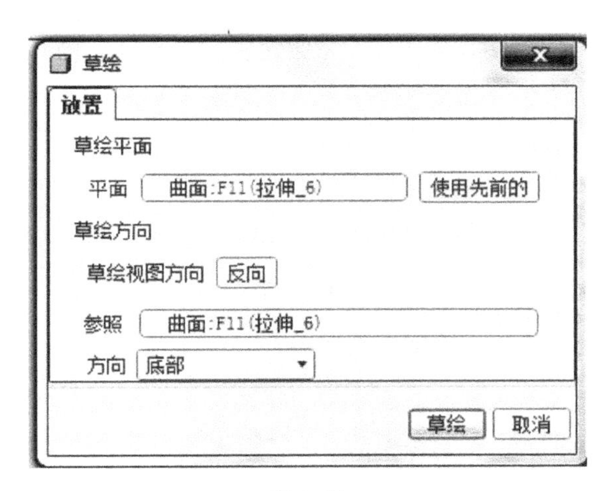

图 3-51

图 3-52

36. 进入草绘，绘制草图，如图 3-53 所示。

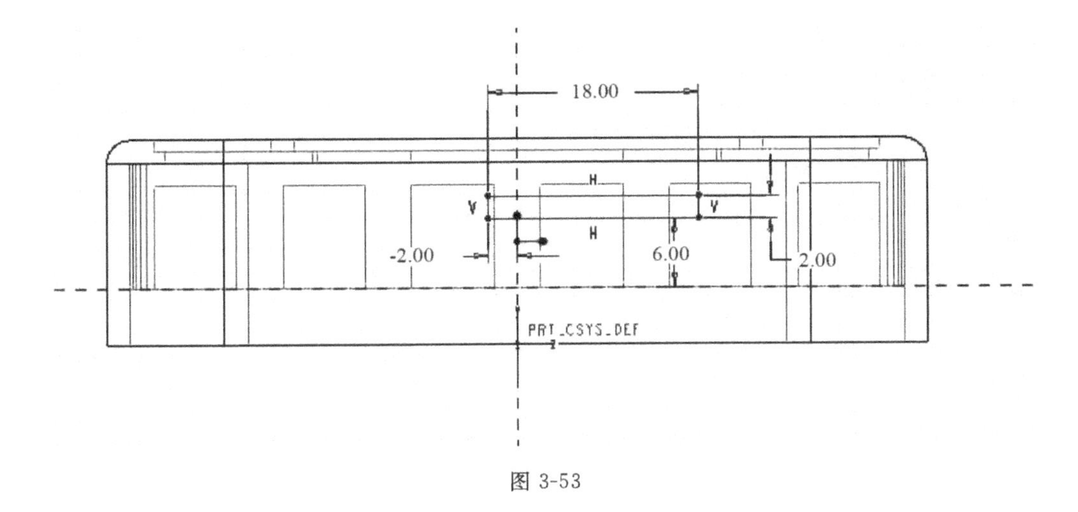

图 3-53

37. 完成草绘后，在对话框输入 10，完成建模，如图 3-54、图 3-55 所示。

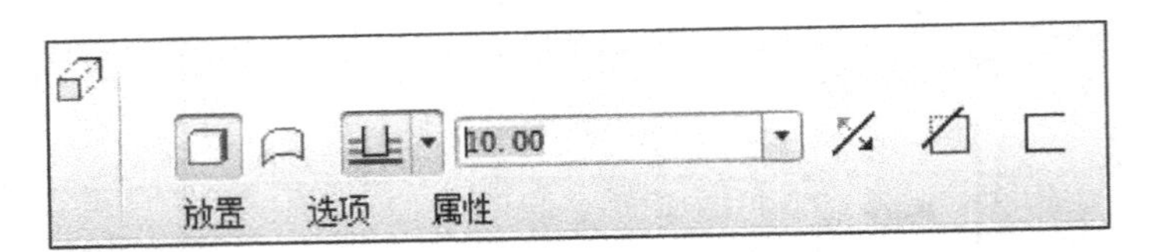

图 3-54

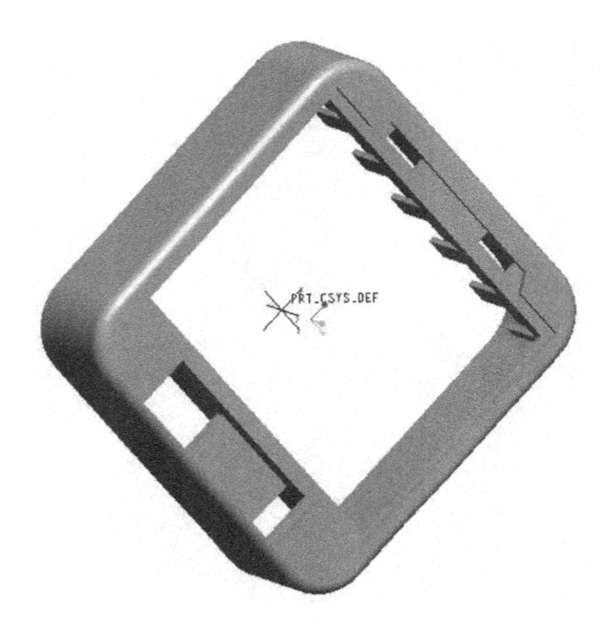

图 3-55

38. 选择平面拉伸建立螺纹孔，如图 3-56、图 3-57 所示。

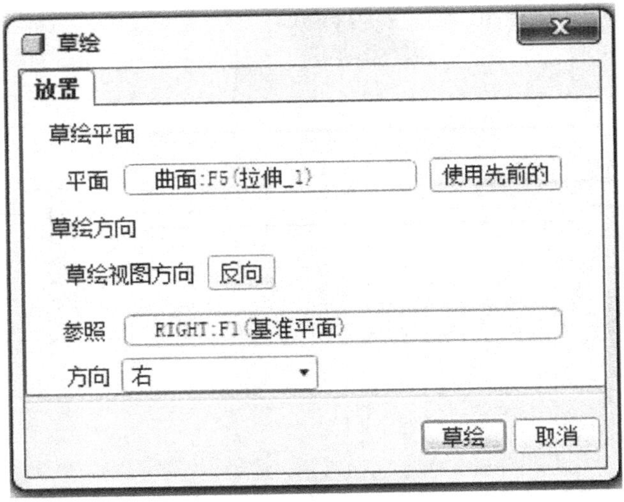

草绘

放置

草绘平面

平面 曲面:F5(拉伸_1) 使用先前的

草绘方向

草绘视图方向 反向

参照 RIGHT:F1(基准平面)

方向 右

草绘 取消

图 3-56

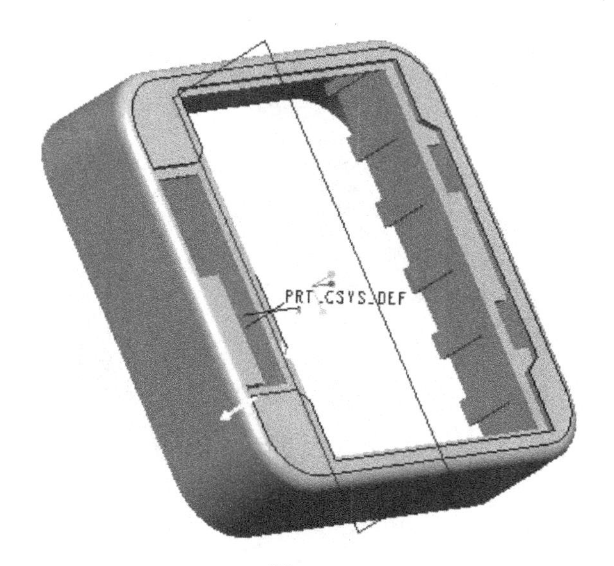

图 3-57

39. 建立草绘图形，如图 3-58 所示。

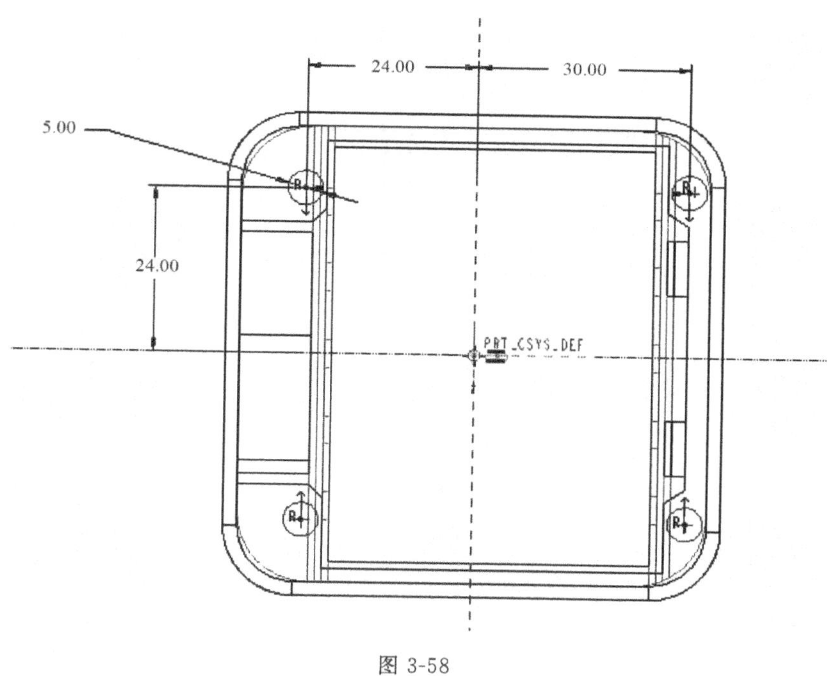

图 3-58

40. 完成草绘后，在对话框输入 11，完成建模，如图 3-59、图 3-60 所示。

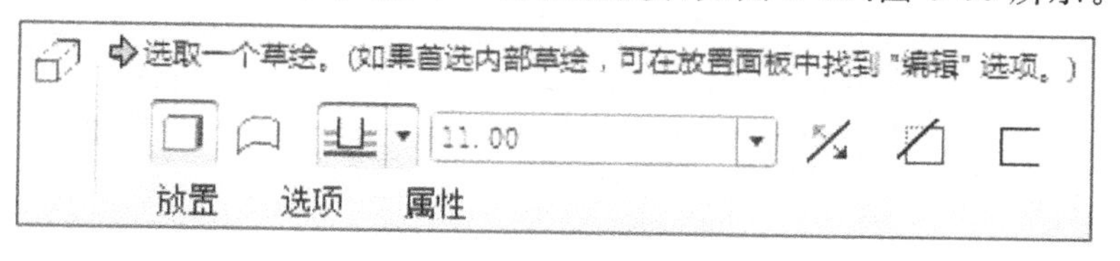

图 3-59

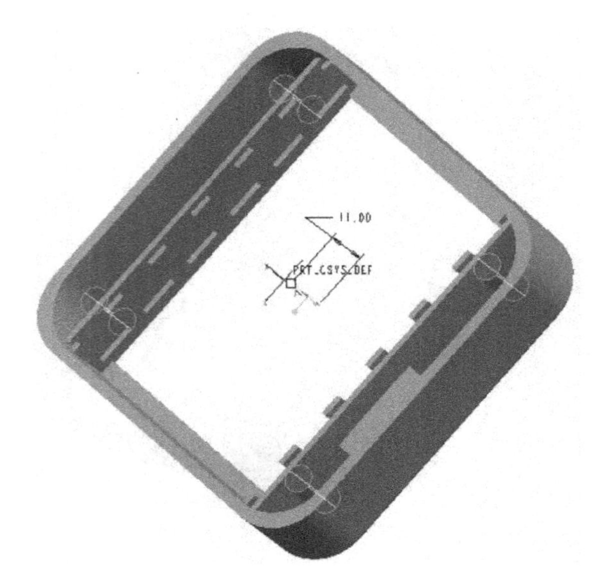

图 3-60

41. 使用拉伸切除功能,完成螺纹孔的建立,如图 3-61～图 3-65 所示。

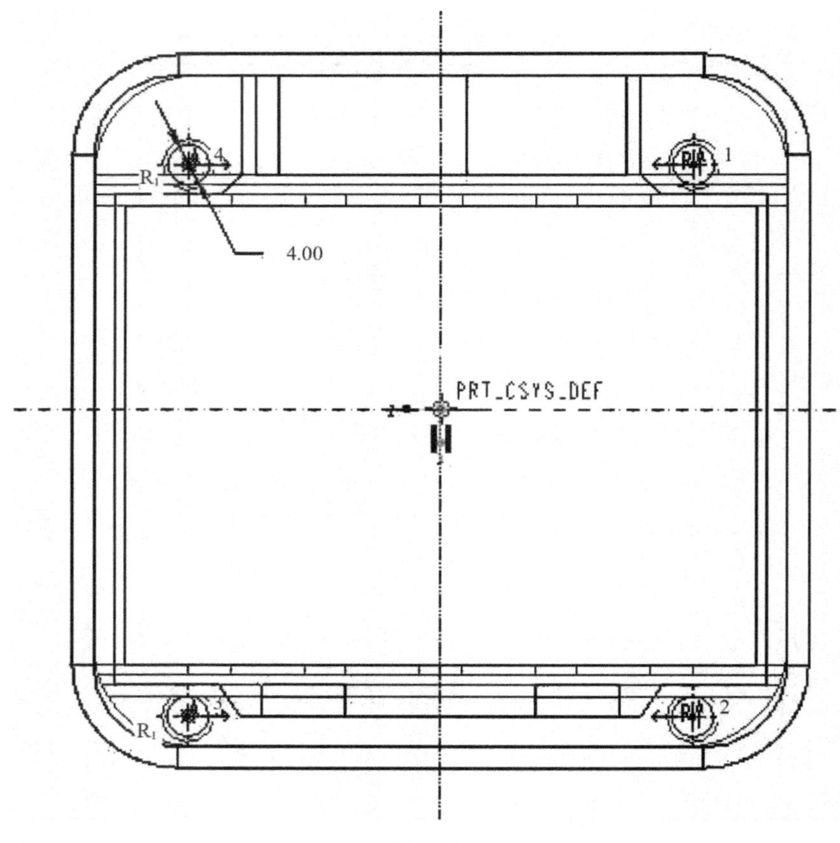

图 3-61

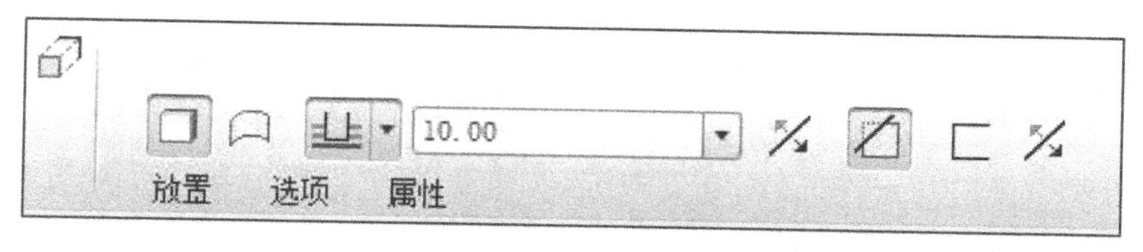

图 3-62

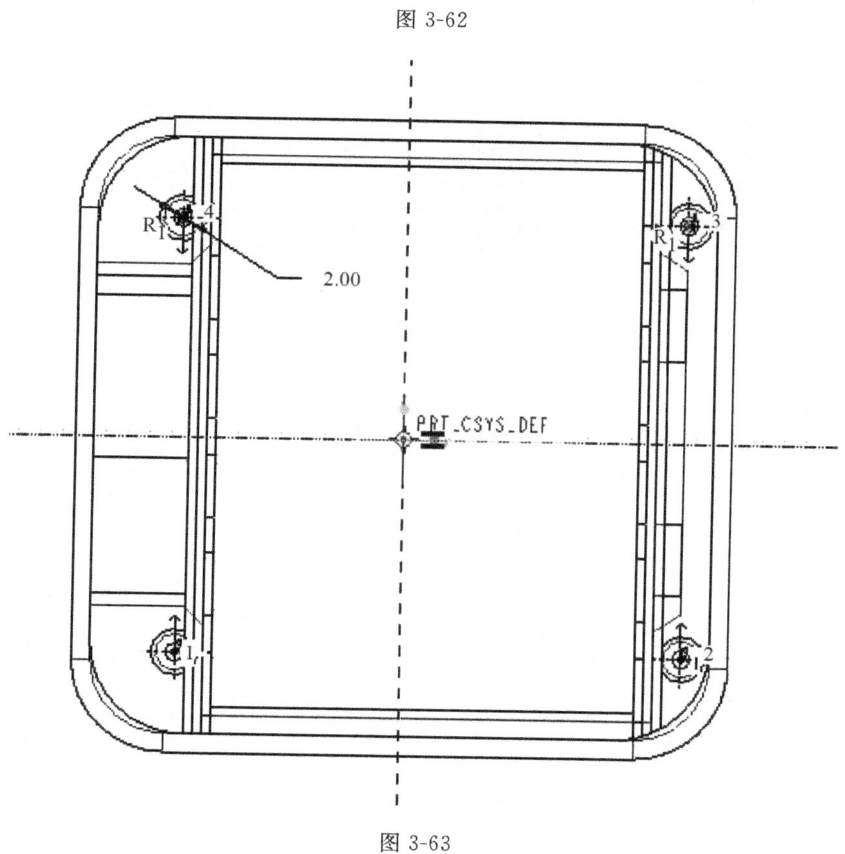

图 3-63

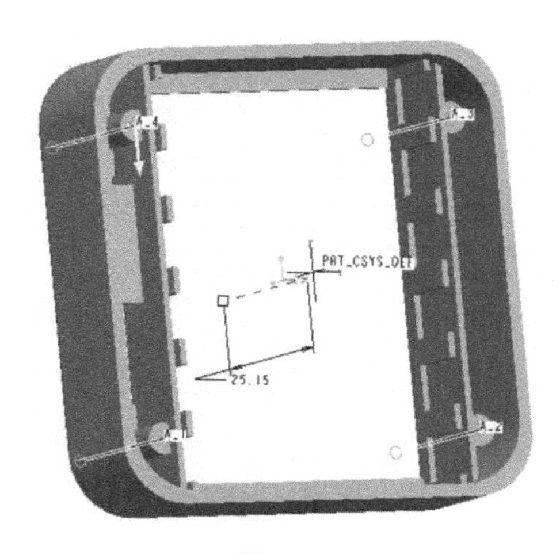

图 3-64

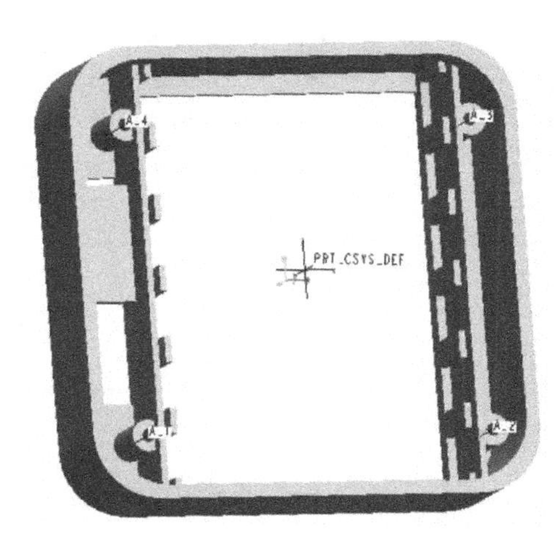

图 3-65

42. 使用拉伸切除功能，继续建立美工槽，下盖建模完成，如图 3-66～图 3-69 所示。

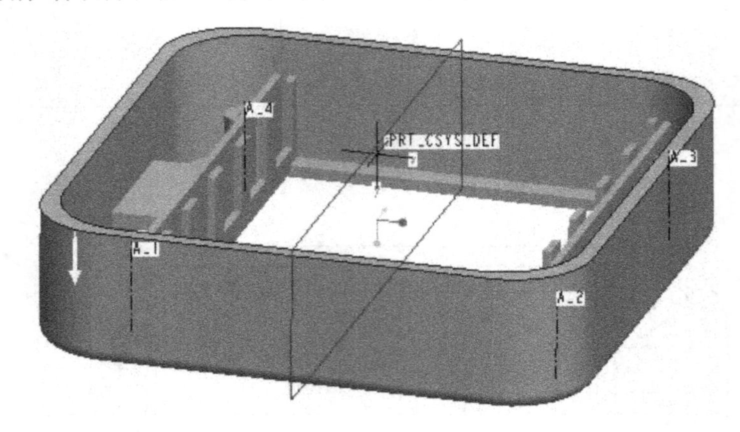

图 3-66

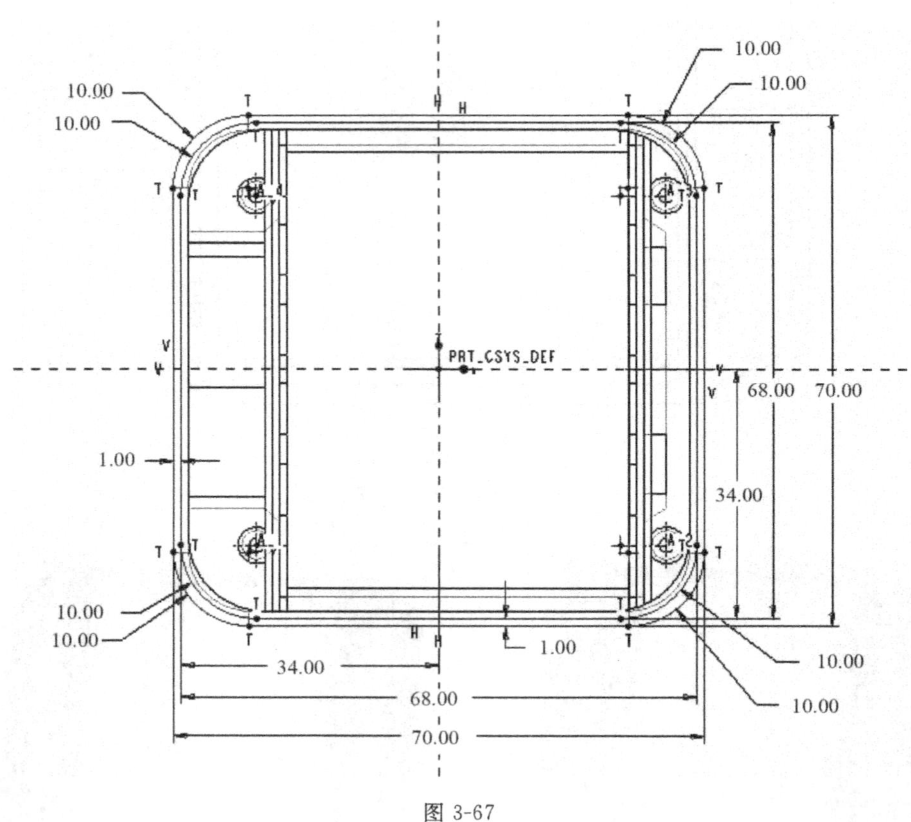

图 3-67

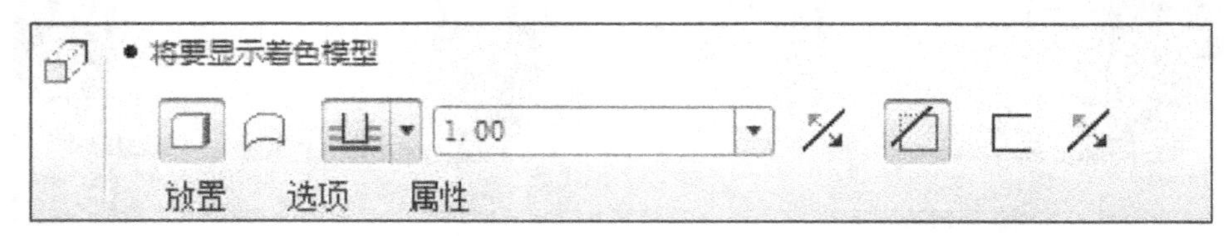

图 3-68

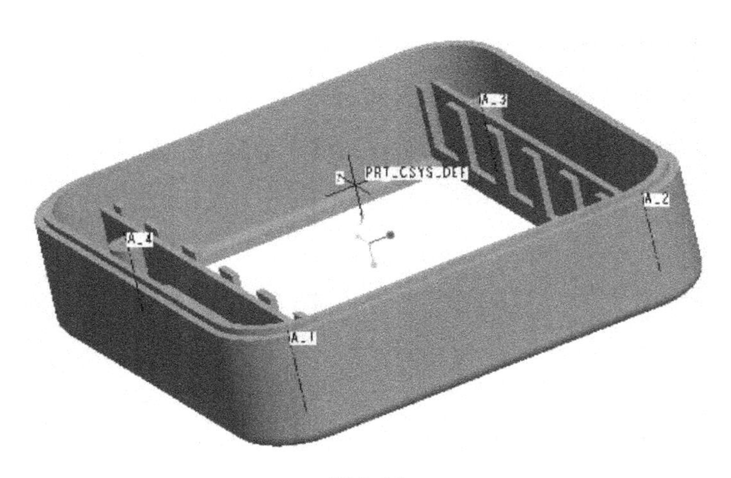

图 3-69

二、电池盖建模操作步骤

步骤 1　设置工作目录

单击菜单【文件】→【设置工作目录】命令，将文件放置在新建立的文件夹下。

步骤 2　新建文件

单击工具栏中的新建文件按钮 ，在弹出的【新建】对话框中选择“零件”类型，单击“使用缺省模板”复选框取消选中标志，在【名称】栏输入新建文件名“dianchigai”。单击“确定”按钮，打开【新文件选项】对话框。选择“mmns_part_solid”模板，按下“确定”按钮，进入三维零件绘制环境，如图 3-70 所示。

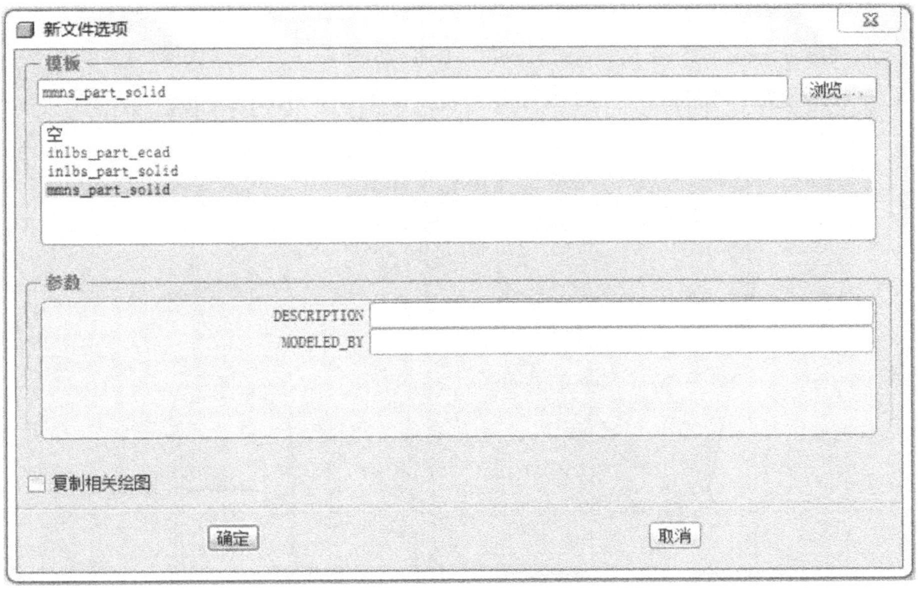

图 3-70

步骤3　通过拉伸创建电池盖

1. 单击按钮,打开拉伸特征操控板。

2. 单击【放置】面板中的【定义】按钮,打开【草绘】对话框,选择 TOP 基准面为草绘平面,如图 3-71 所示建立草绘图形。

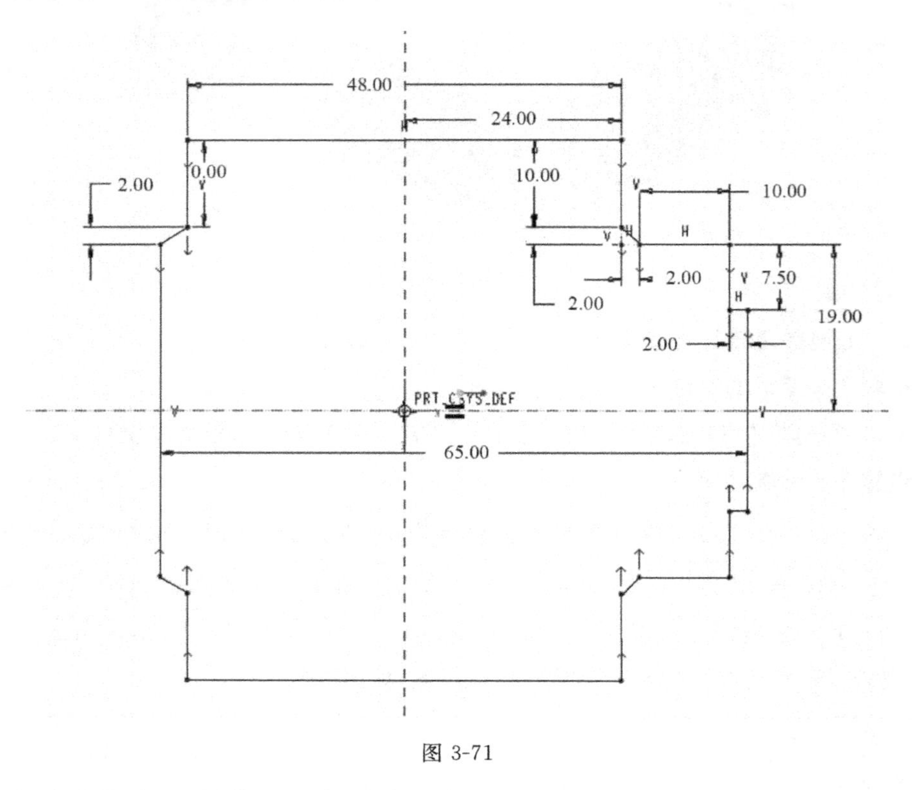

图 3-71

3. 完成草绘后,拉伸 1 个单位,建立模型,如图 3-72 所示。

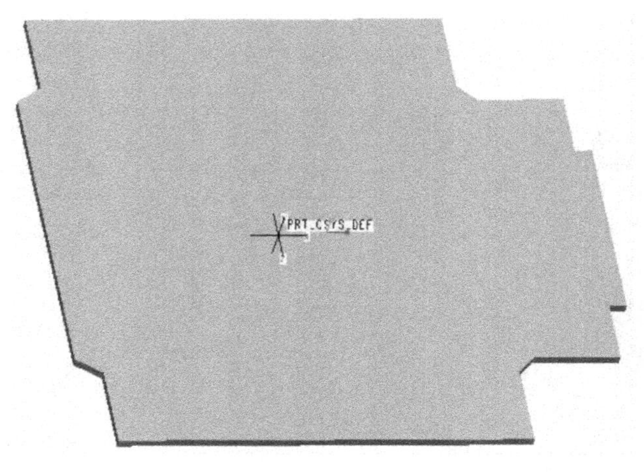

图 3-72

4. 单击 按钮,打开拉伸特征操控板,选择下表面为基准面进入草绘,如图3-73所示建立单绘图形。

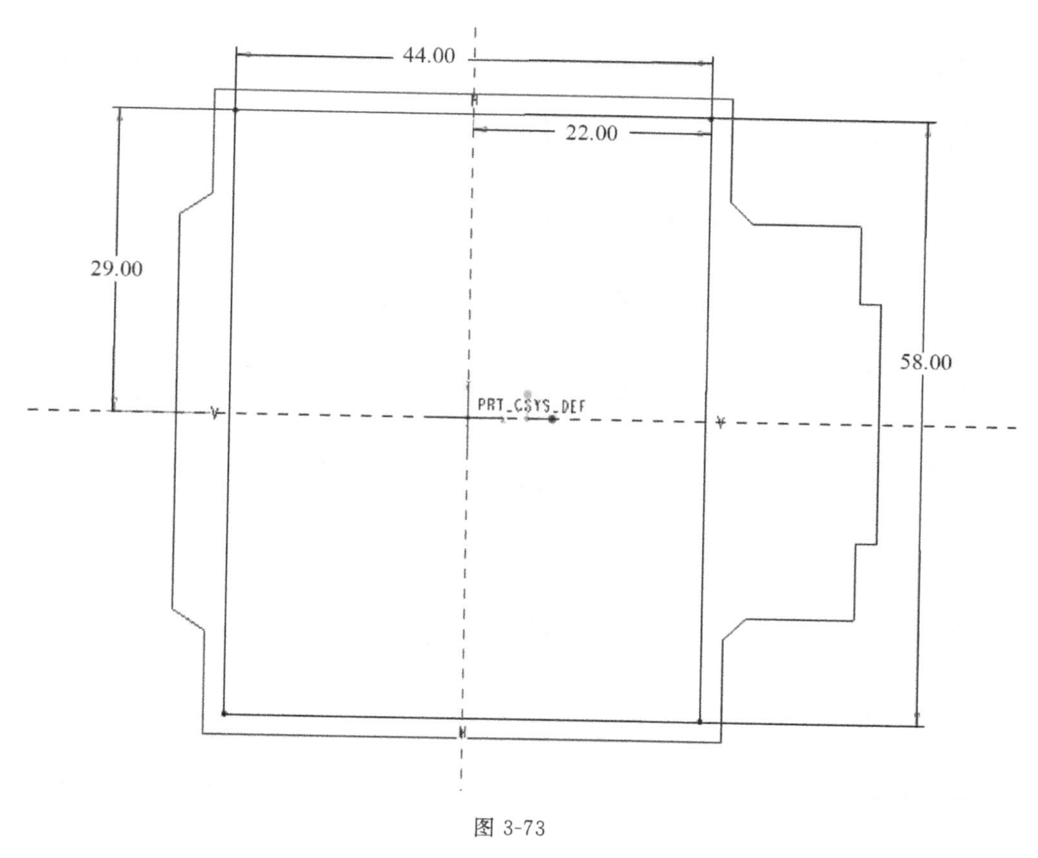

图 3-73

5. 完成草绘后,拉伸 1 个单位,建立模型,如图 3-74 所示。

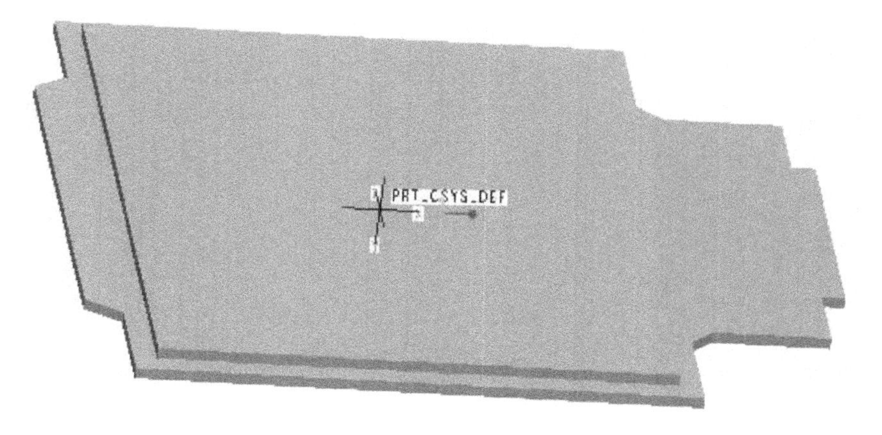

图 3-74

6. 单击 按钮，打开拉伸特征操控板，进入草绘，如图 3-75 所示建立草绘图形。

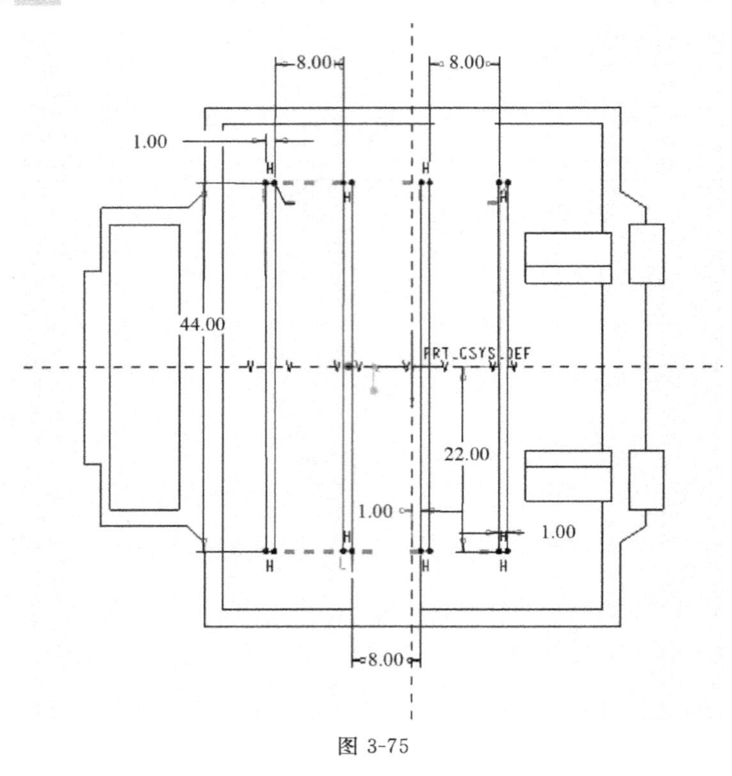

图 3-75

7. 完成草绘，拉伸 1 个单位，完成建模。

8. 单击 按钮，打开拉伸特征操控板，进入草绘，如图 3-76 所示建立草绘图形，建模后如图 3-77 所示。

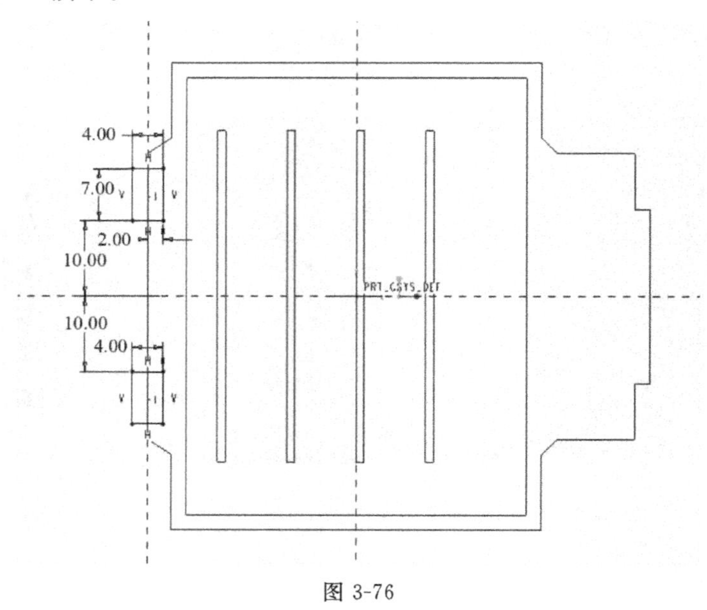

图 3-76

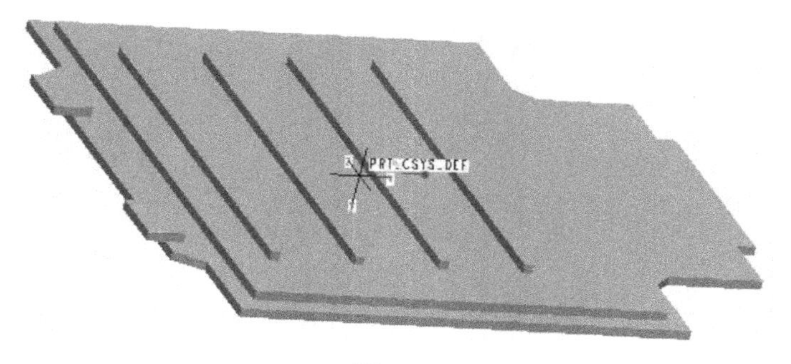

图 3-77

9. 单击按钮，打开拉伸特征操控板，进入草绘，如图 3-78 所示建立图形。

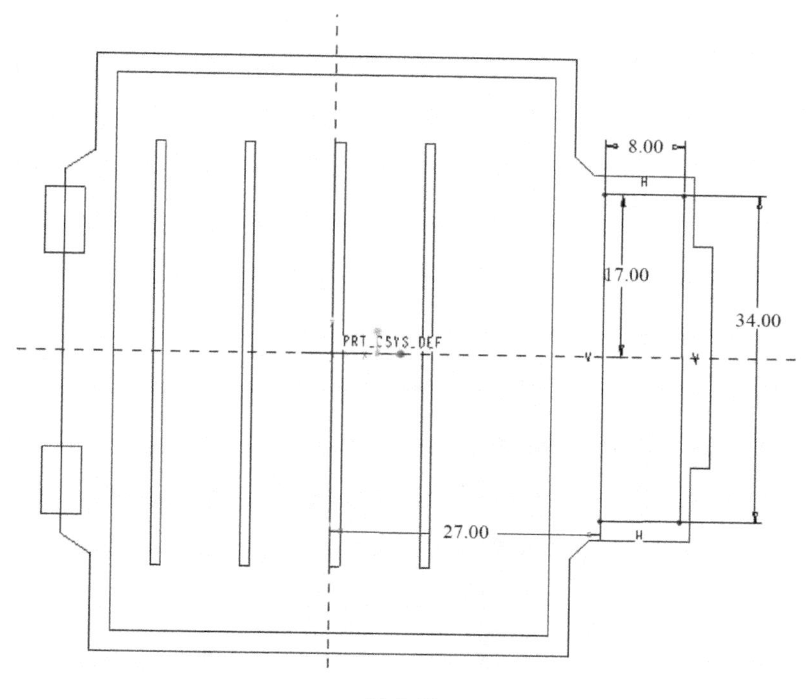

图 3-78

10. 完成草绘后，拉伸 2 个单位，并建立模型，如图 3-79 所示。

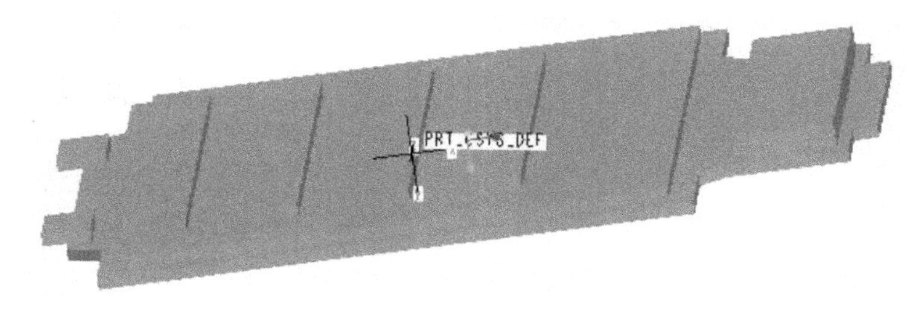

图 3-79

11. 选择 RIGHT 平面，单击右菜单栏 按钮，创建新平面，平移 18.5 个单位，创立 dtm1，如图 3-80、图 3-81 所示。

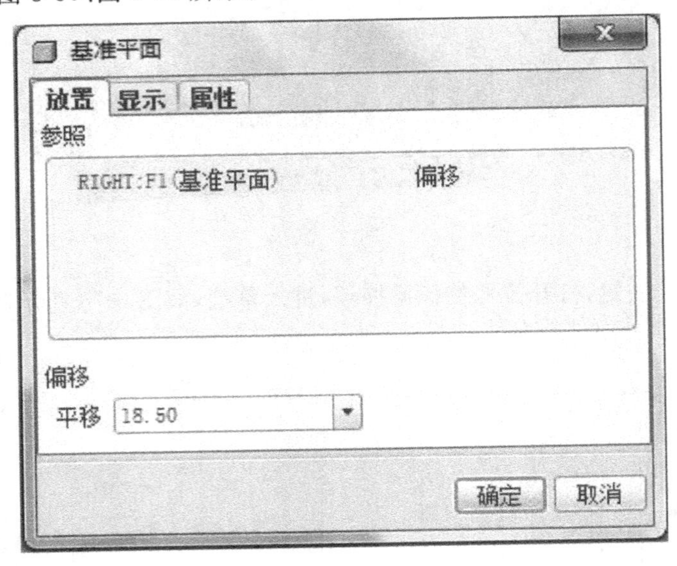

图 3-80

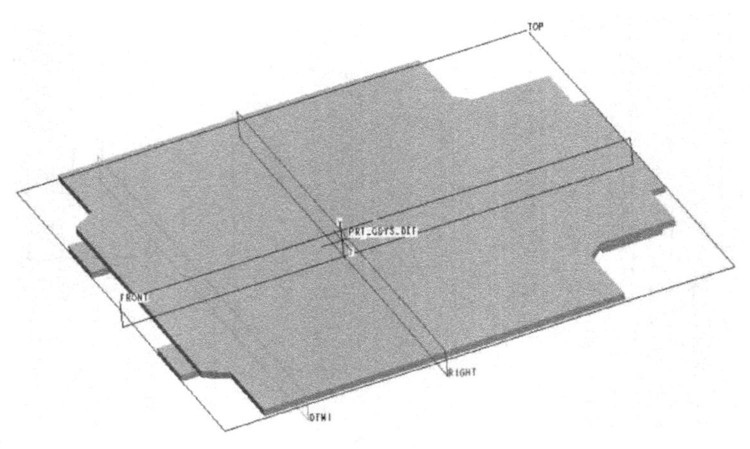

图 3-81

12. 点击菜单栏插入，选择扫描、伸出项，选择草绘轨迹，如图 3-82 所示。

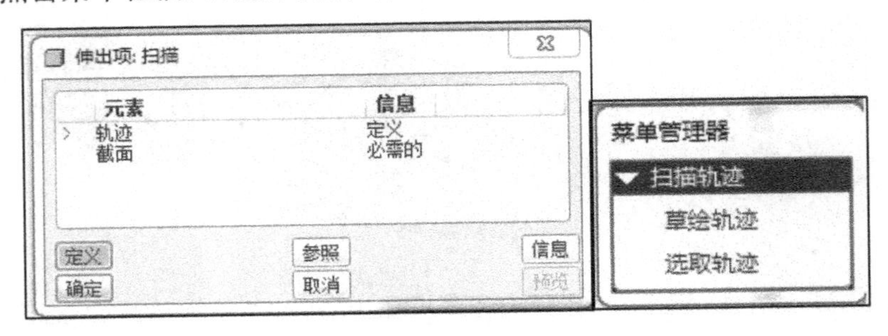

图 3-82

13. 选择 dtm1 为草绘平面，单击确定，然后选择缺省，如图 3-83 所示。

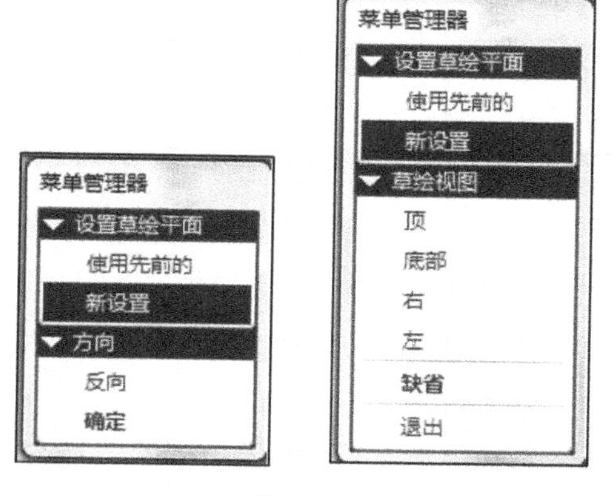

图 3-83

图 3-84

14. 选择默认自由端，单击完成，如图 3-84 所示。

15. 绘制如图轨迹，确定好起始点，如图 3-85 所示。

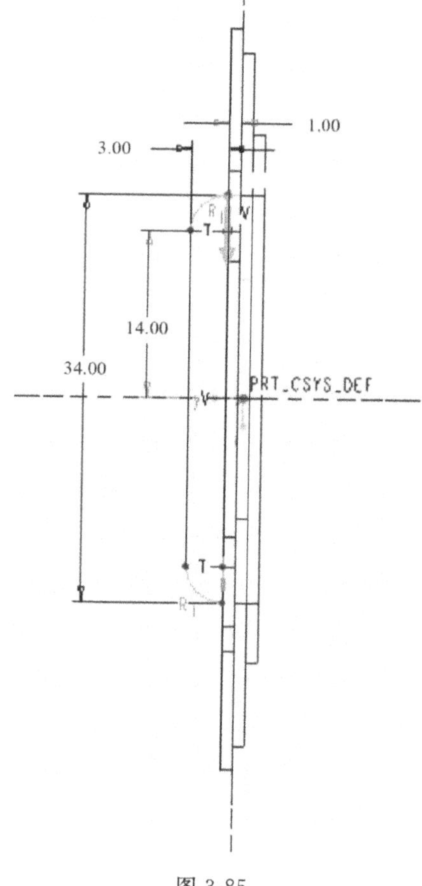

图 3-85

16. 继续绘制截面线，注意截面线为封闭曲线，如图 3-86 所示。

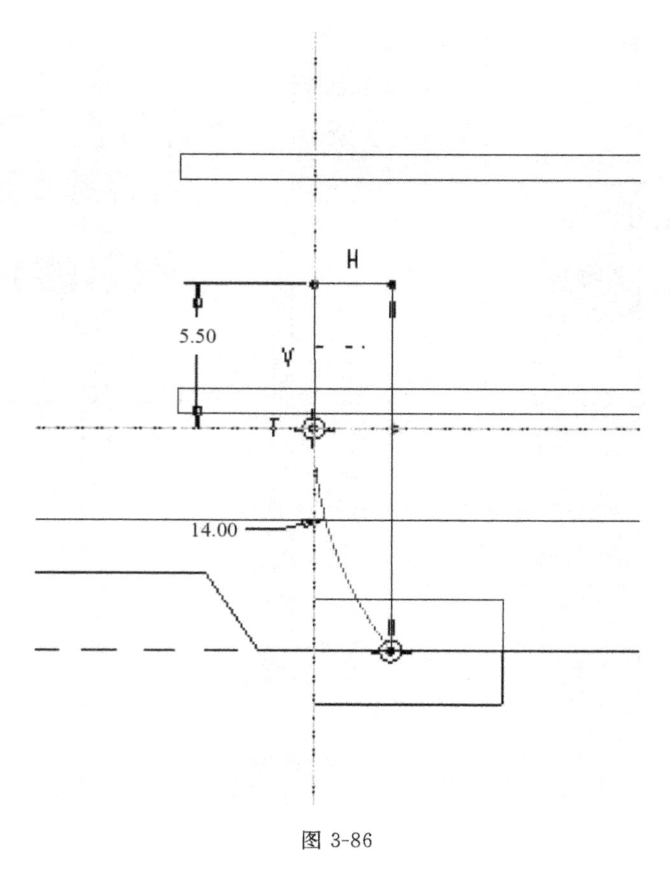

图 3-86

17. 完成后，单击确定，建立模型，如图 3-87 所示。

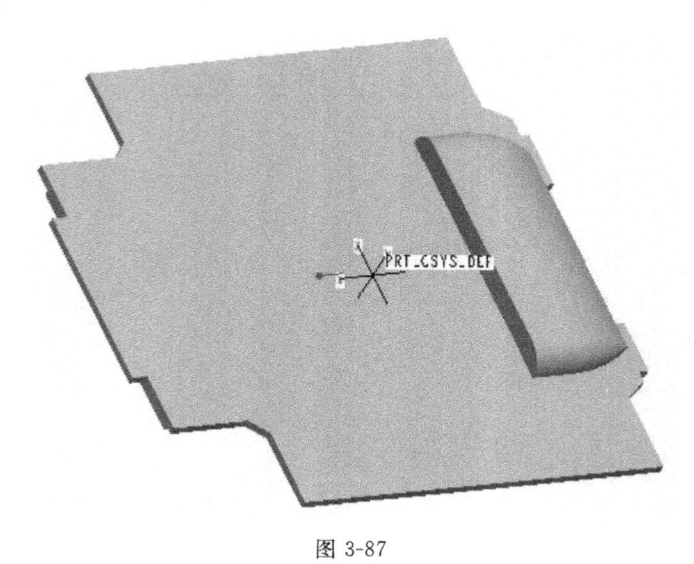

图 3-87

18. 单击按钮,打开拉伸特征操控板,进入草绘绘制,如图 3-88 所示。

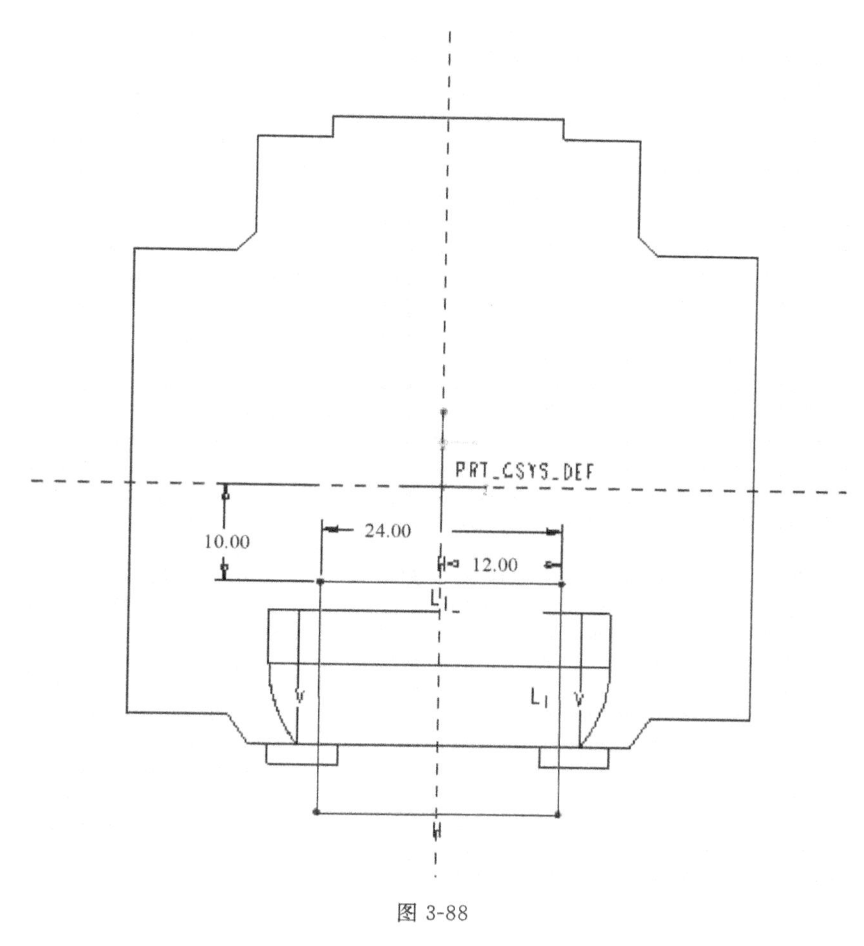

图 3-88

19. 完成草绘后,向下拉伸 3 个单位,并建立模型,如图 3-89 所示。

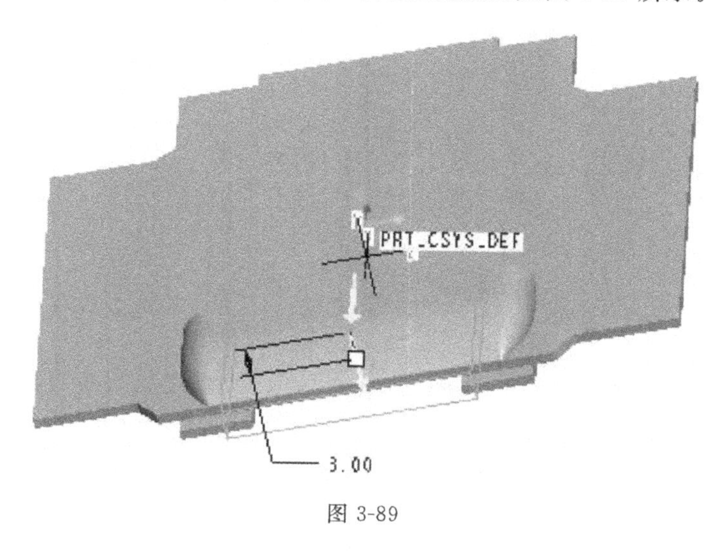

图 3-89

20. 单击按钮，打开拉伸特征操控板，进入草绘绘制，如图 3-90 所示。

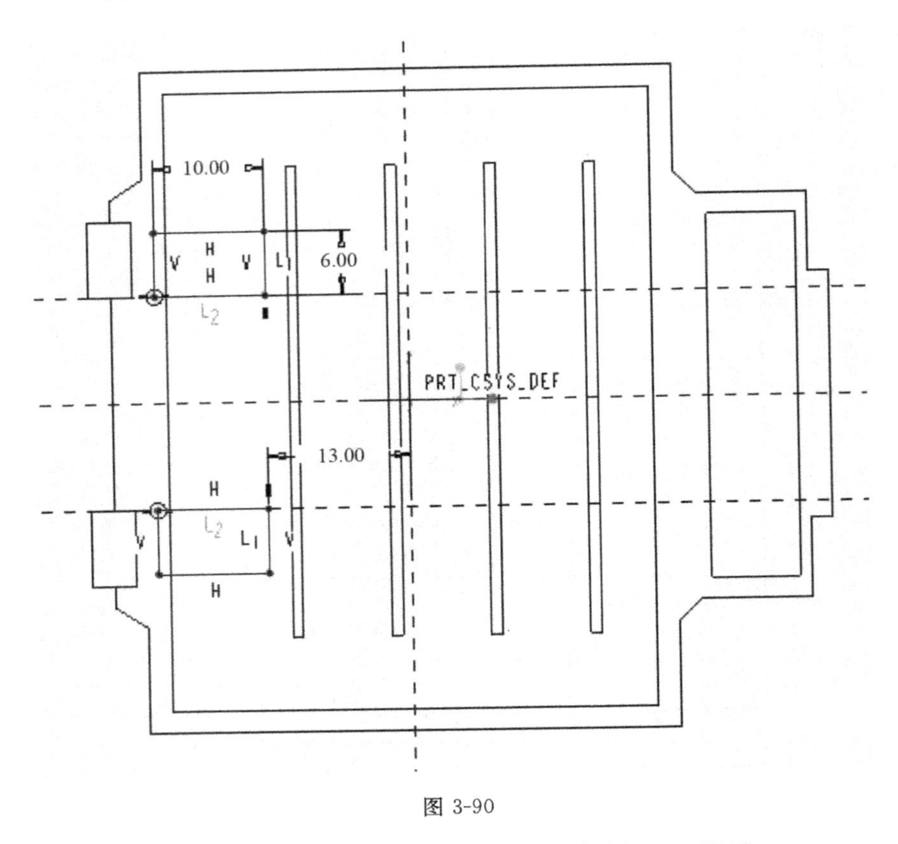

图 3-90

21. 完成草绘后，向下拉伸 3 个单位，建立模型，如图 3-91 所示。

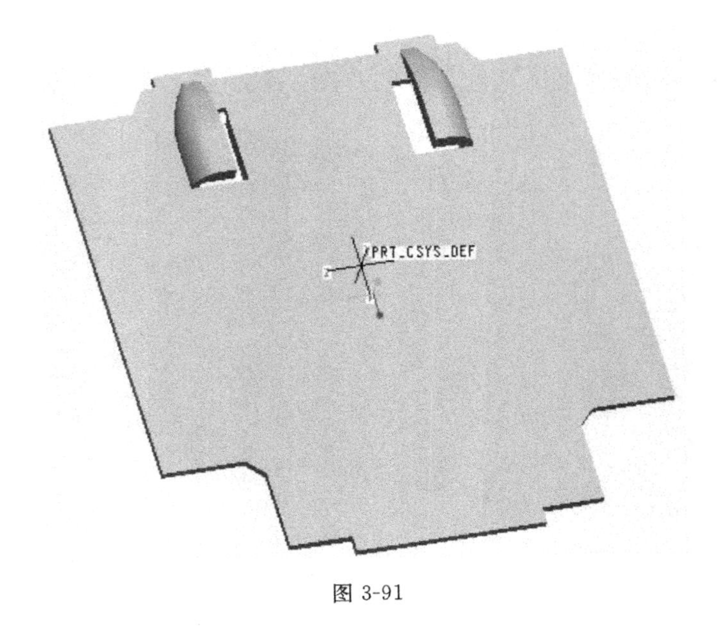

图 3-91

22. 单击按钮，打开拉伸特征操控板，进入草绘绘制，如图 3-92 所示。

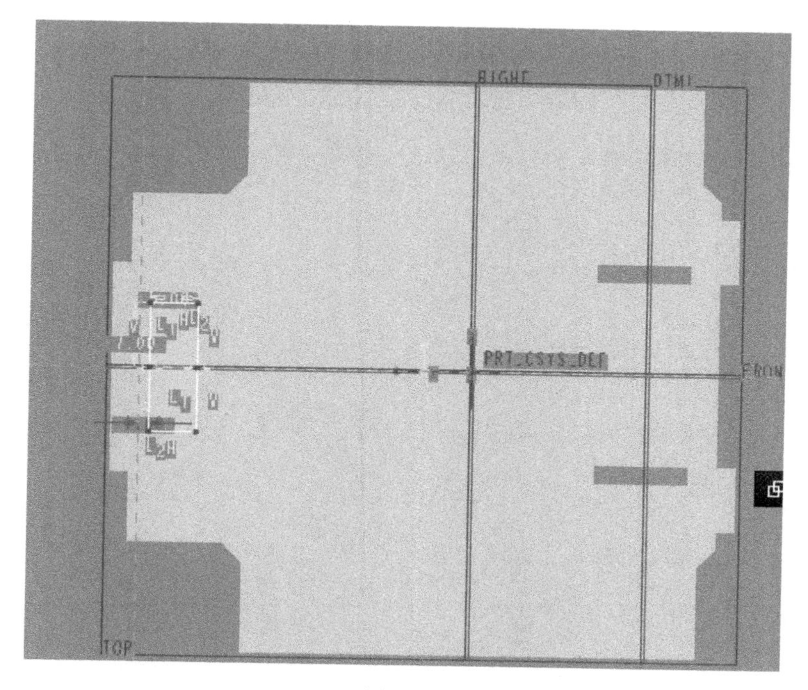

图 3-92

23. 完成草绘后，再拉伸，如图 3-93 所示。

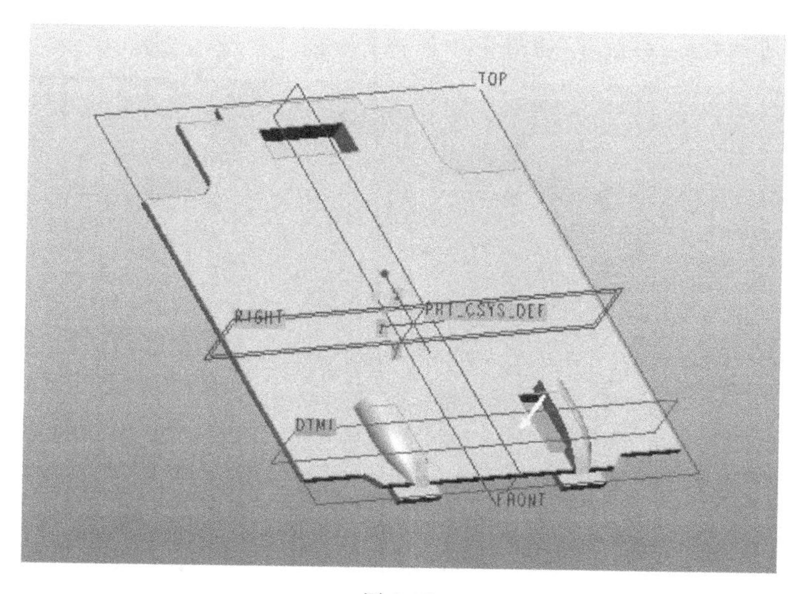

图 3-93

24. 单击按钮，打开拉伸特征操控板，进入草绘绘制，如图 3-94 所示。

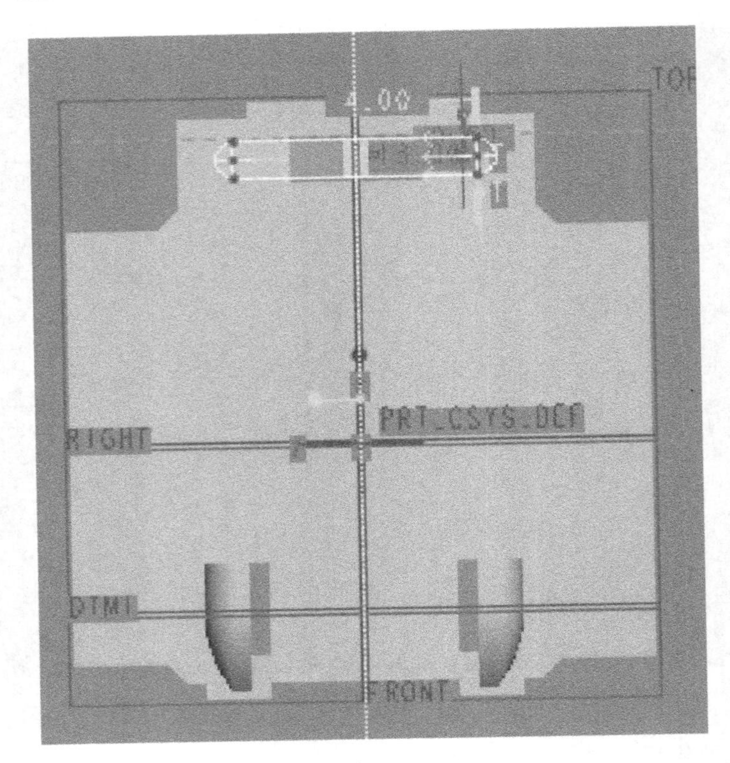

图 3-94

25. 完成草绘后，再拉伸，如图 3-95 所示。

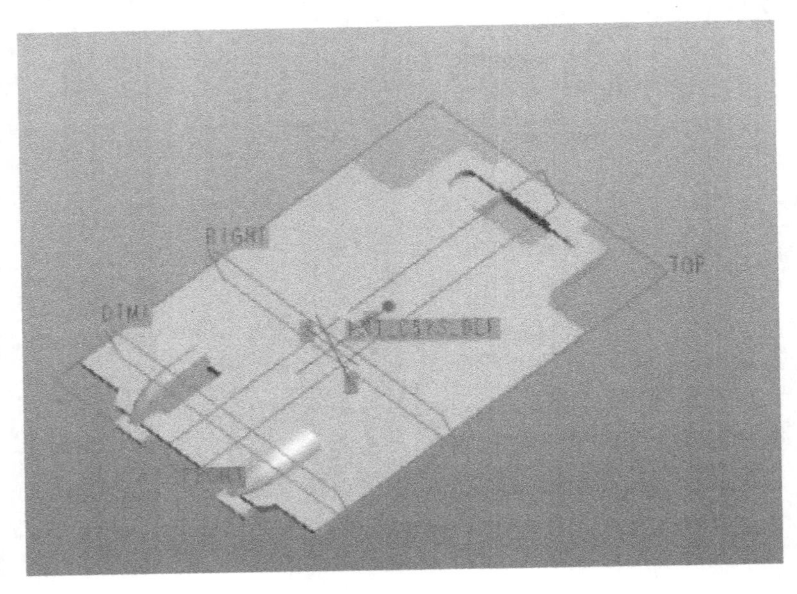

图 3-95

三、前盖建模操作步骤

步骤 1　设置工作目录

单击菜单【文件】→【设置工作目录】命令，将文件放置在自己建立的文件夹下，如图 3-96 所示。

图 3-96

步骤 2　新建文件

单击工具栏中的新建文件按钮 ，在弹出的【新建】对话框中选择“零件”类型，单击“使用缺省模板”复选框取消选中标志，在【名称】栏输入新建文件名“qiangai”。单击“确定”按钮，打开【新文件选项】对话框。选择“mmns_part_solid”模板，按下“确定”按钮，进入三维零件绘制环境。

步骤 3　通过拉伸创建前盖

1. 单击 按钮，打开拉伸特征操控板。

2. 选择 TOP 基准面为草绘平面，参照面及方向为缺省值(此处为 RIGHT 基准面)，单击“草绘”按钮进入草绘状态，如图 3-97 所示。

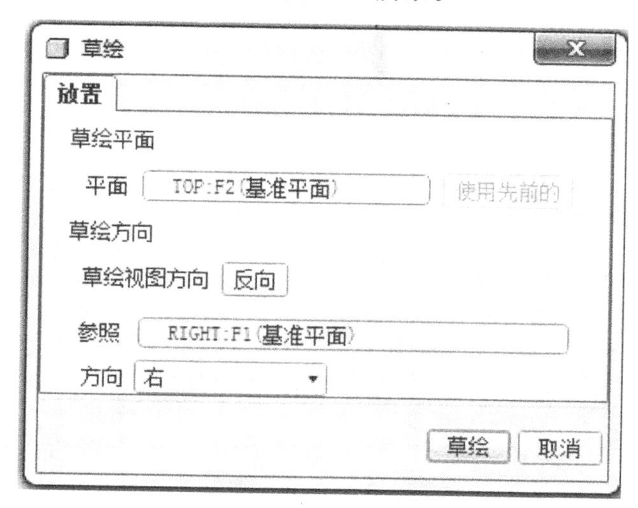

图 3-97

3. 绘制草绘,并建立实体,如图 3-98、图 3-99 所示。

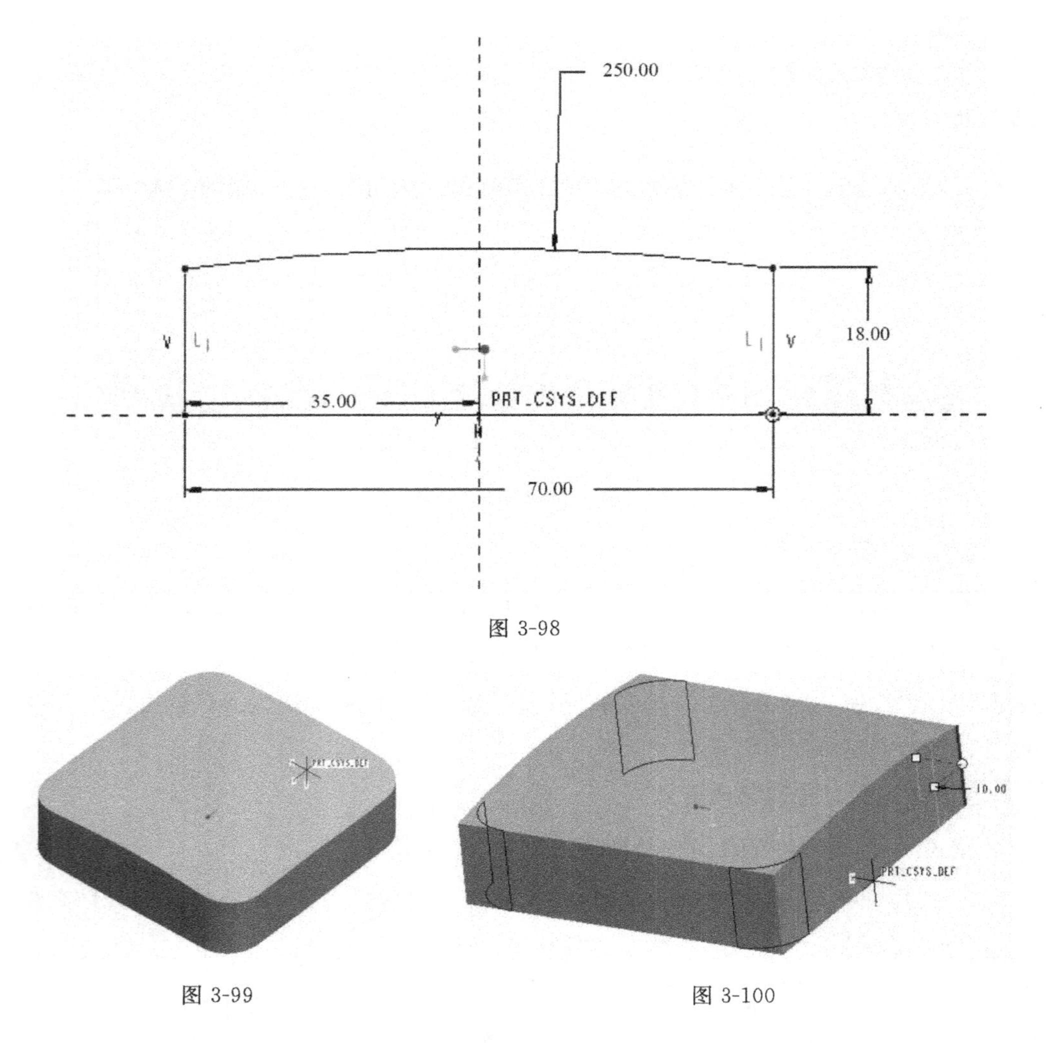

图 3-98

图 3-99　　图 3-100

4. 使用圆倒角✓工具,对实体进行倒角,倒角大小分别为 10 和 5,如图 3-100、图 3-101、图 3-102 所示。

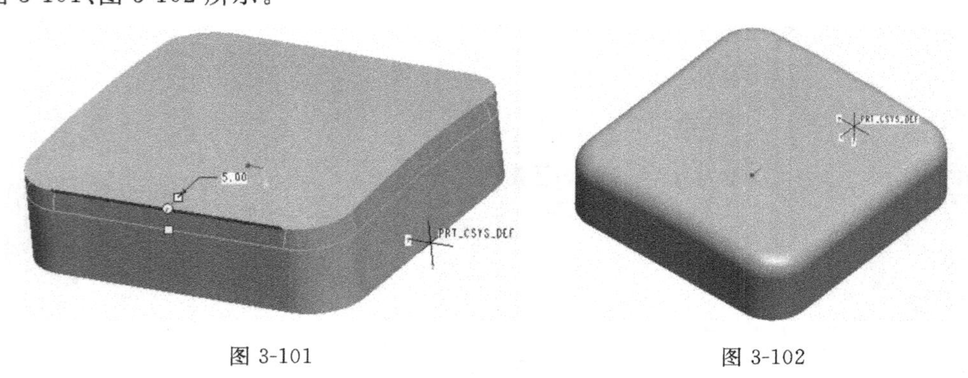

图 3-101　　图 3-102

5．使用抽壳工具，如图 3-103 所示。对实体进行抽壳，如图 3-104、图 3-105 所示。

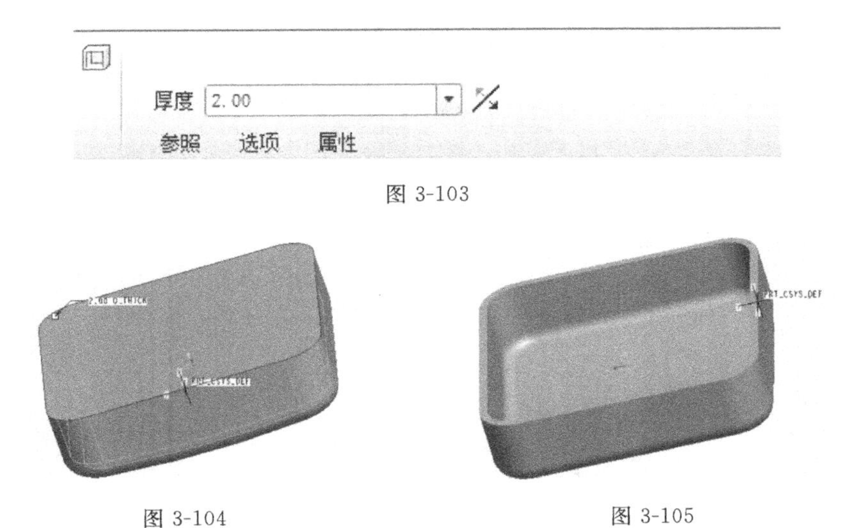

图 3-103

图 3-104

图 3-105

6．创建新的基准面，选择 FRONT 平面，单击创建基准面，向下偏移 15 个单位，如图 3-106、图 3-107 所示。

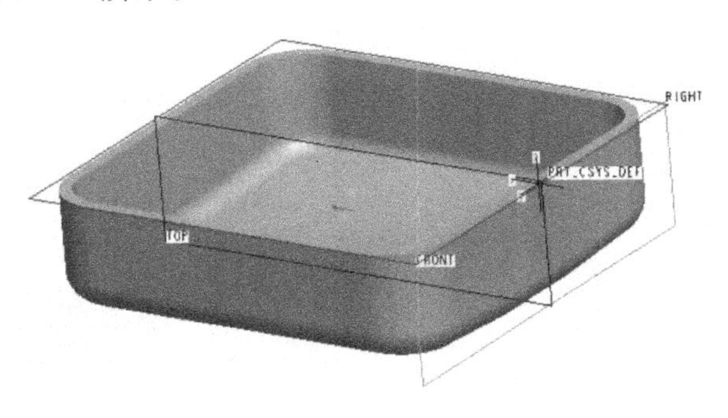

图 3-106

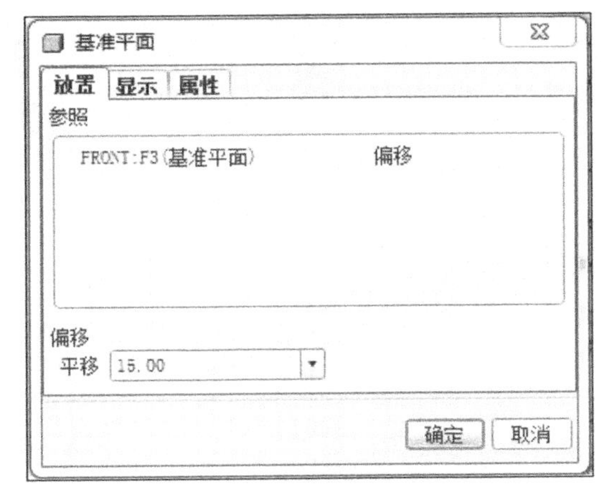

图 3-107

7. 创建完成后，以该平面为基准面进行拉伸建模，如图 3-108 所示。

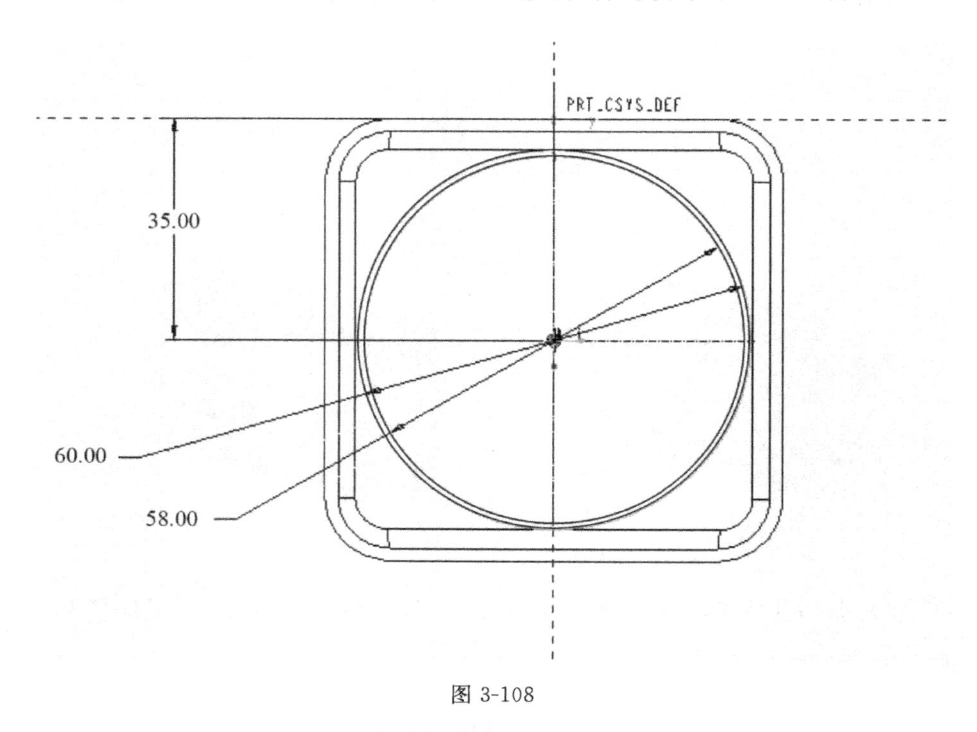

图 3-108

8. 拉伸时选择拉伸到指定面 ，完成建模，如图 3-109 所示。

图 3-109

9. 以 FRONT 平面为基准面进行拉伸，进入草绘平面绘制草图，如图 3-110 所示。

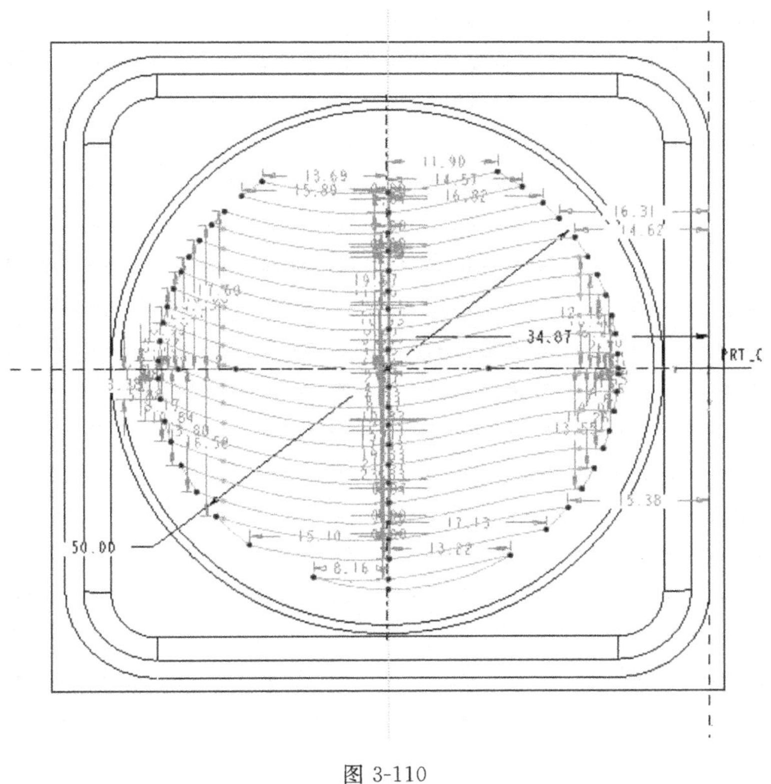

图 3-110

10. 拉伸切割，如图 3-111、图 3-112 所示。

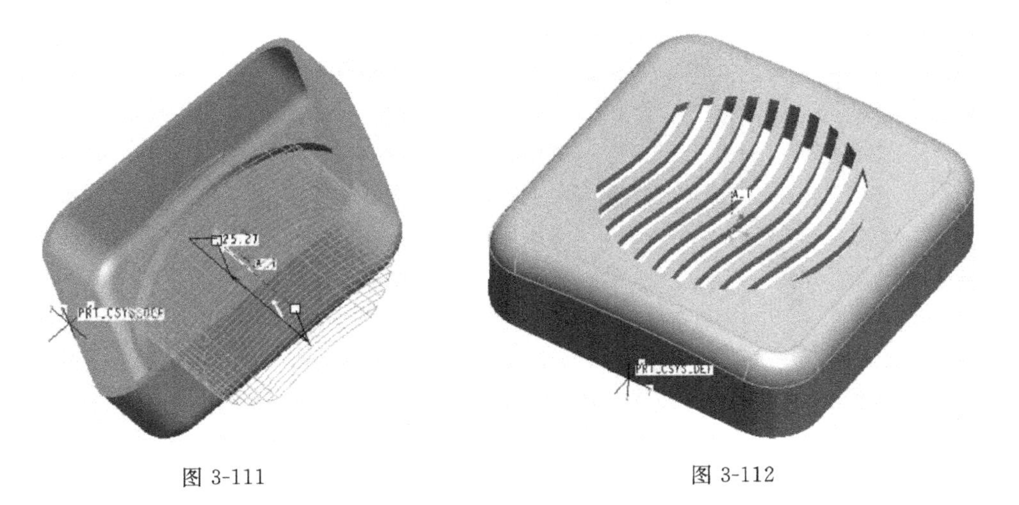

图 3-111　　　　图 3-112

11. 以 FRONT 为基准，进行拉伸切割，创建美工槽，如图 3-113、图 3-114 所示，完成建模。

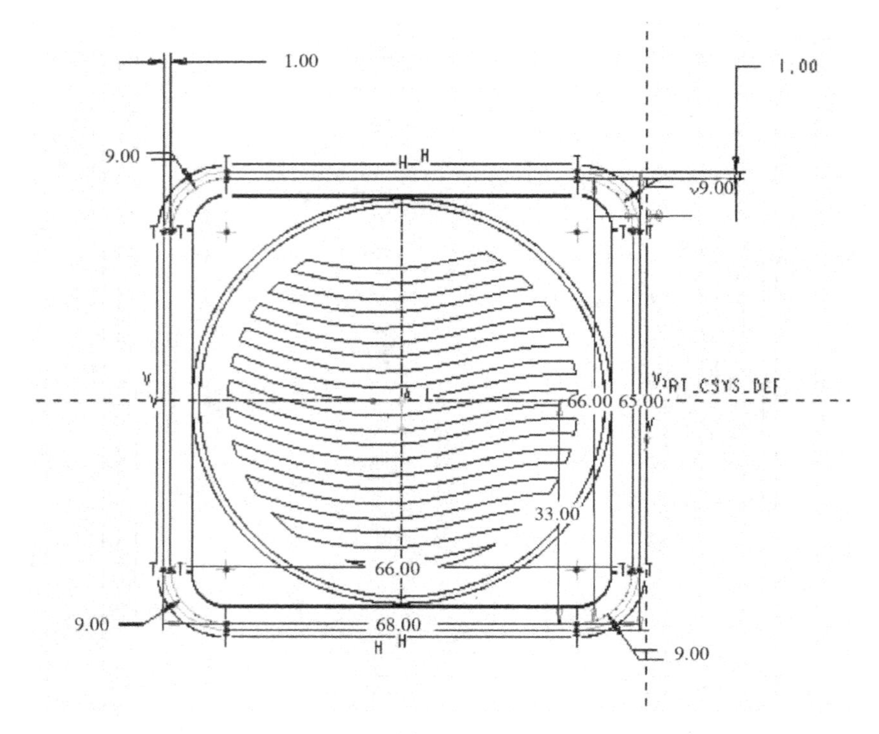

图 3-113

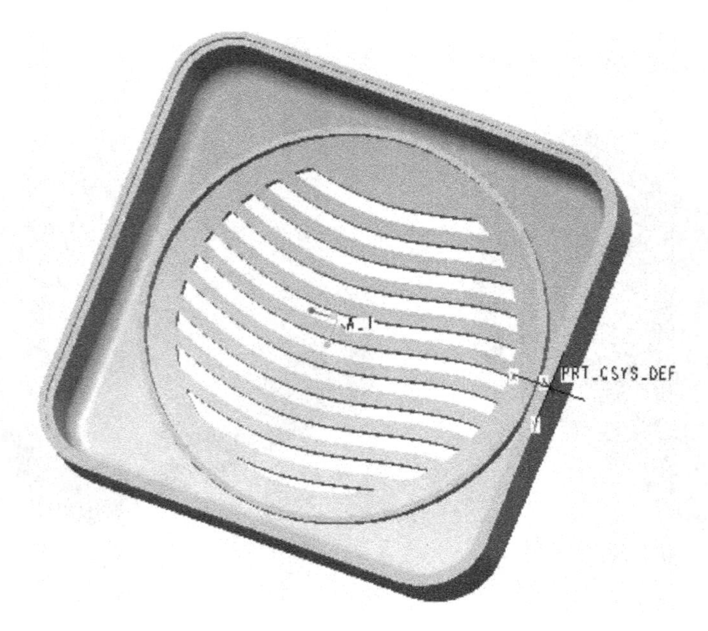

图 3-114

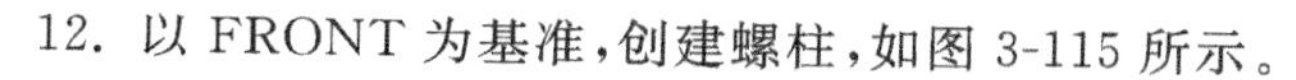
12. 以 FRONT 为基准，创建螺柱，如图 3-115 所示。

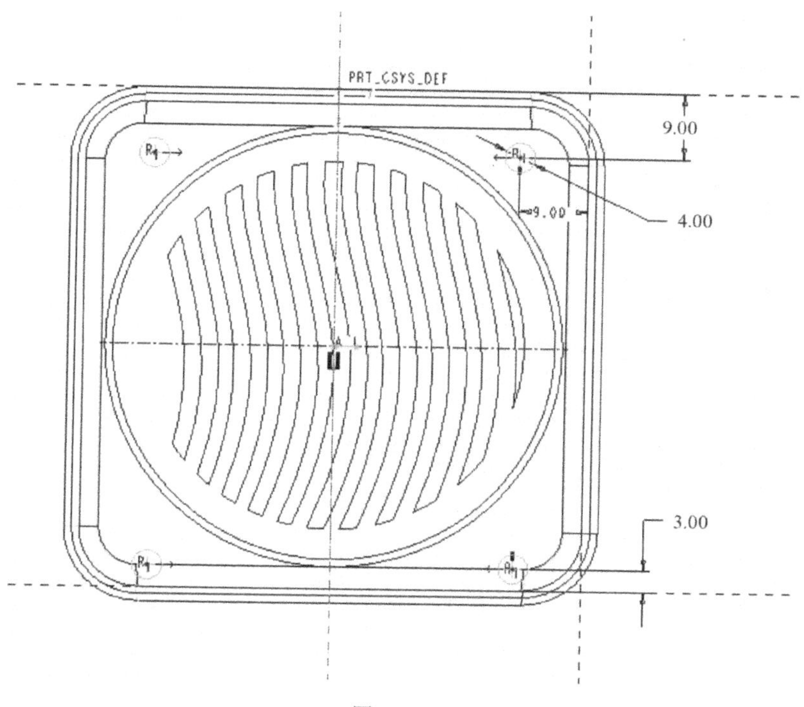

图 3-115

13. 草绘完成后，拉伸到下表面，如图 3-116、图 3-117 所示。

图 3-116

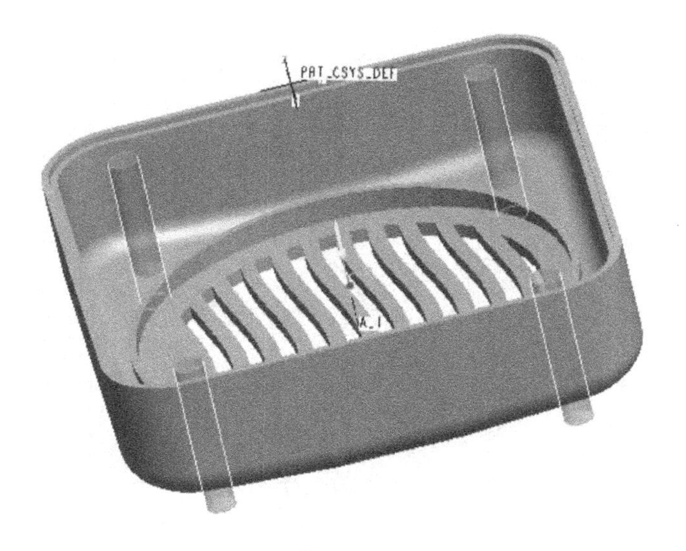

图 3-117

14. 以 FRONT 为基准，建立螺孔，如图 3-118 所示。

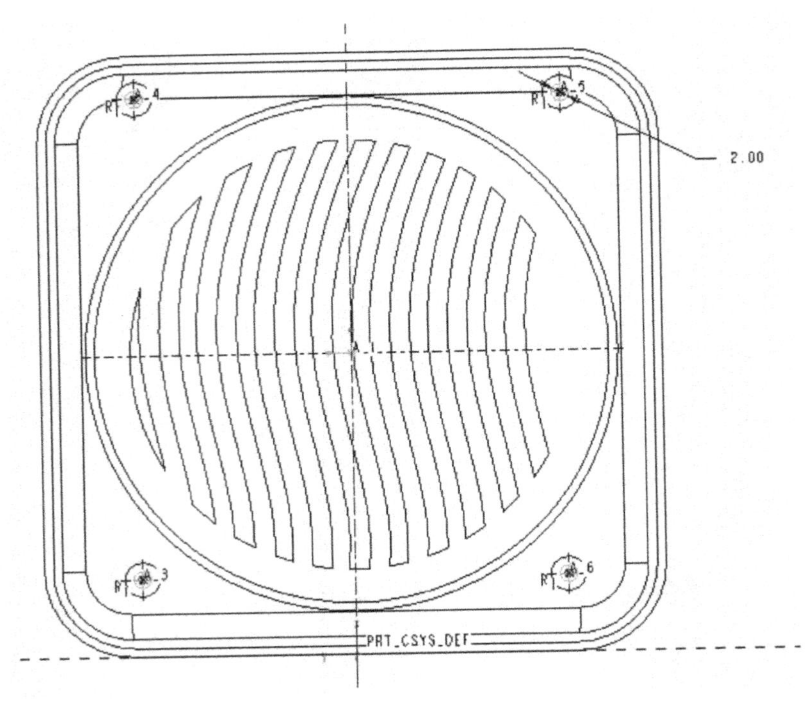

图 3-118

15. 草绘完成后，向下拉伸切割，如图 3-119、图 3-120 所示。

图 3-119

图 3-120

16. 上盖建模完成，如图 3-121 所示。

图 3-121

四、便携夹建模操作步骤

步骤 1　设置工作目录

单击菜单【文件】→【设置工作目录】命令，将文件放置在自己建立的文件夹下，如图 3-122 所示。

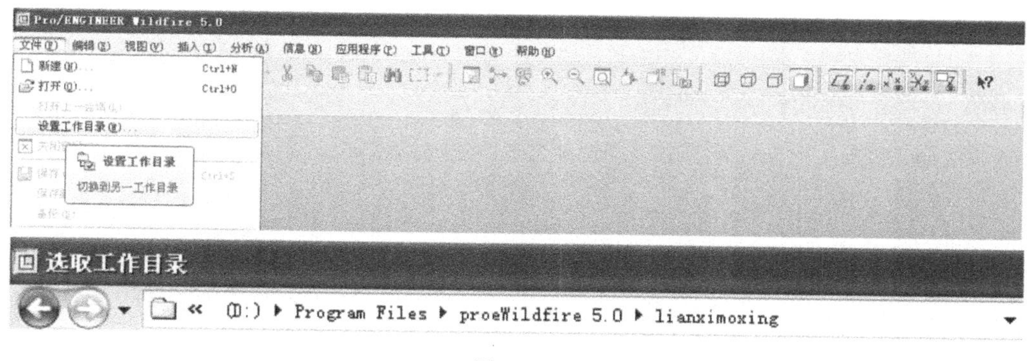

图 3-122

步骤 2　新建文件

单击工具栏中的新建文件按钮，在弹出的【新建】对话框中选择“零件”类型，单击“使用缺省模板”复选框取消选中标志，在【名称】栏输入新建文件名“bianxiejia”。单击“确定”按钮，打开【新文件选项】对话框。选择“mmns_part_solid”模板，按下“确定”按钮，进入三维零件绘制环境。

步骤 3　通过拉伸创建下盖

1. 单击按钮，打开拉伸特征操控板。

2. 选择 TOP 基准面为草绘平面，参照面及方向为缺省值（此处为 RIGHT 基准面），单击“草绘”按钮进入草绘状态，如图 3-123 所示。

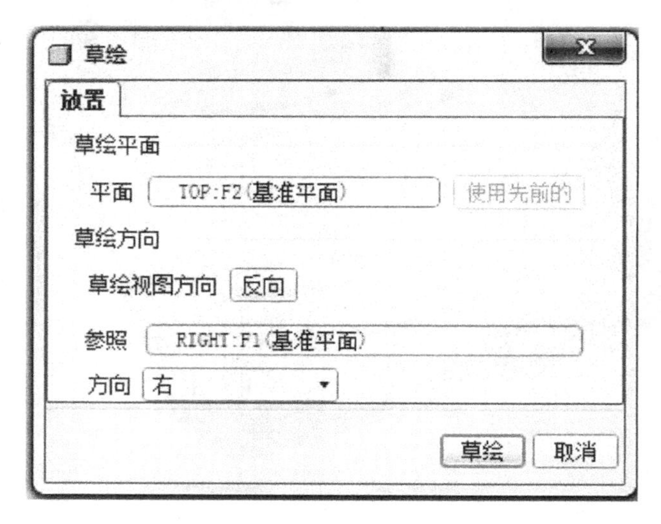

图 3-123

3. 绘制草图，如图 3-124 所示。

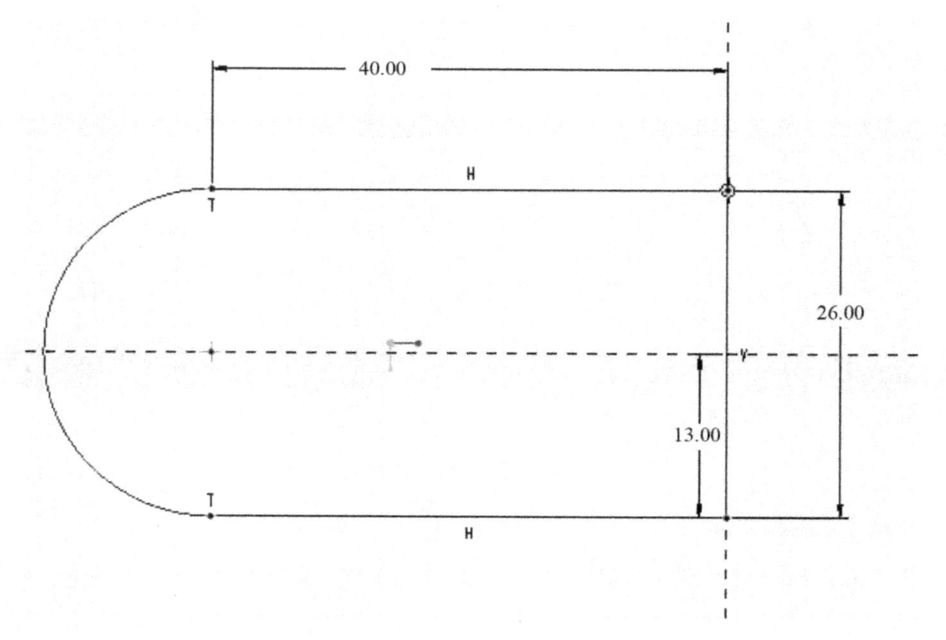

图 3-124

4. 延厚度方向拉伸 2.5 个单位,如图 3-125、图 3-126 所示。

图 3-125

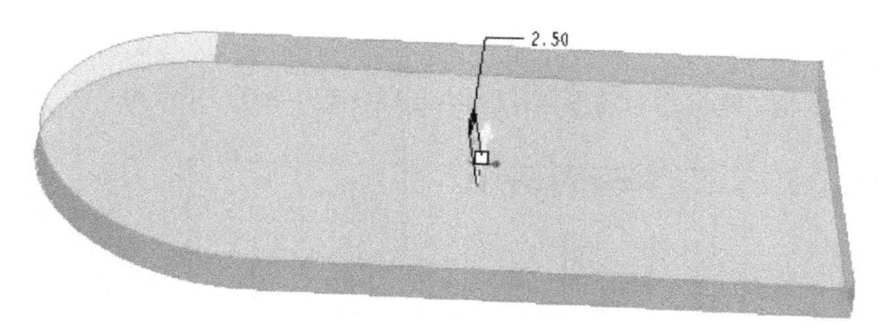

图 3-126

9. 以 TOP 面为基准面,进入草绘,绘制草图,如图 3-127 所示。

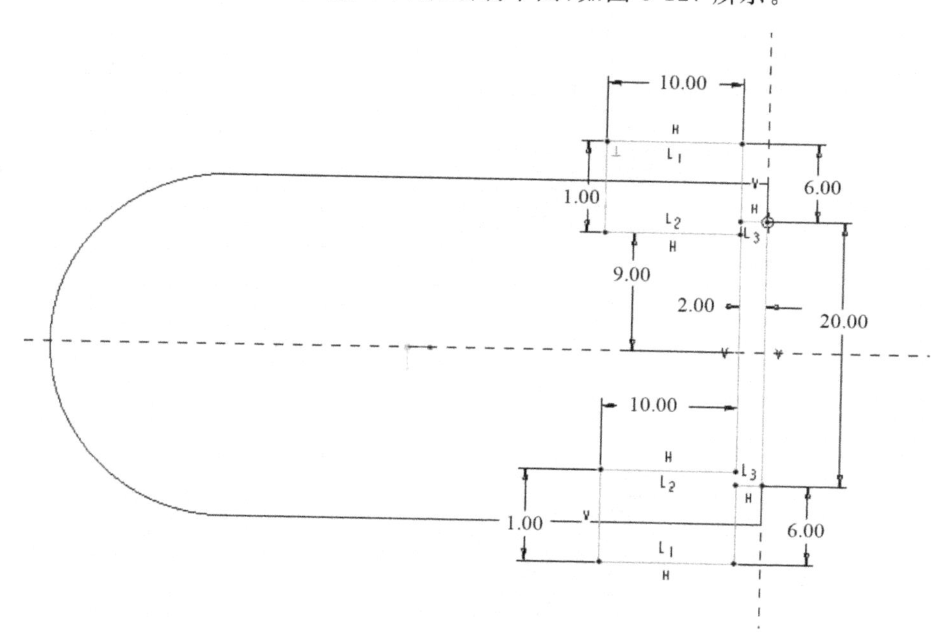

图 3-127

10. 反向拉伸 2 个单位,如图 3-128、图 3-129 所示。

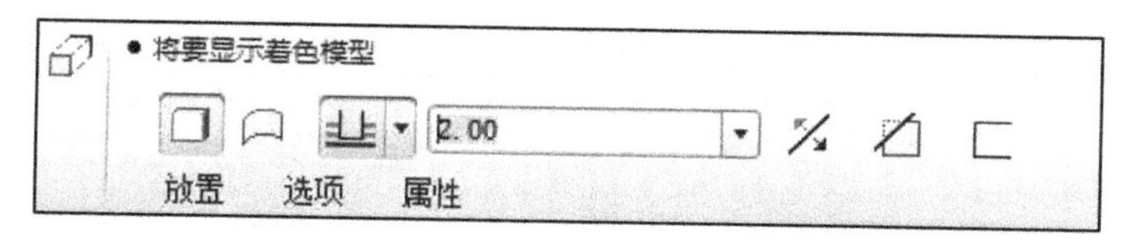

图 3-128

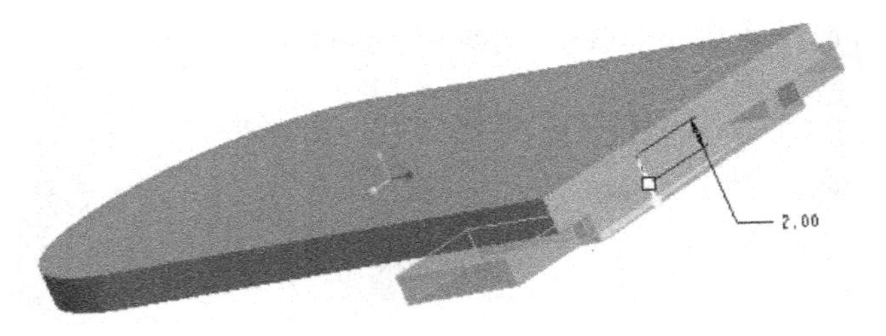

图 3-129

8. 选择倒角工具，对图形进行倒角，如图 3-130 至图 3-132 所示。

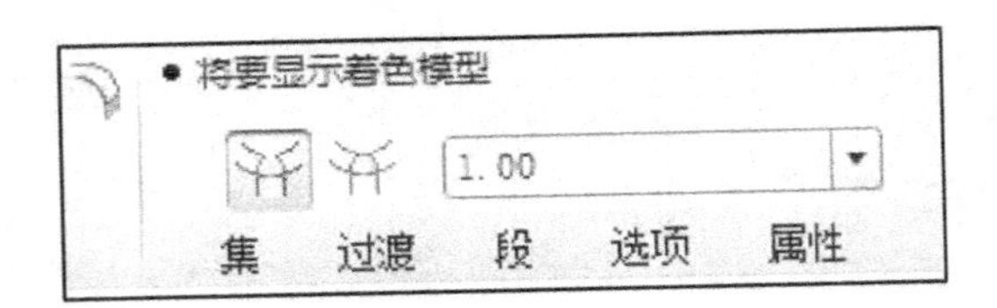

图 3-130

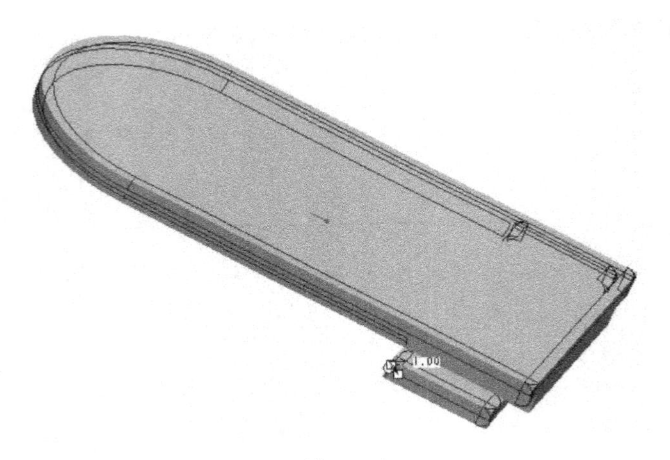

图 3-131

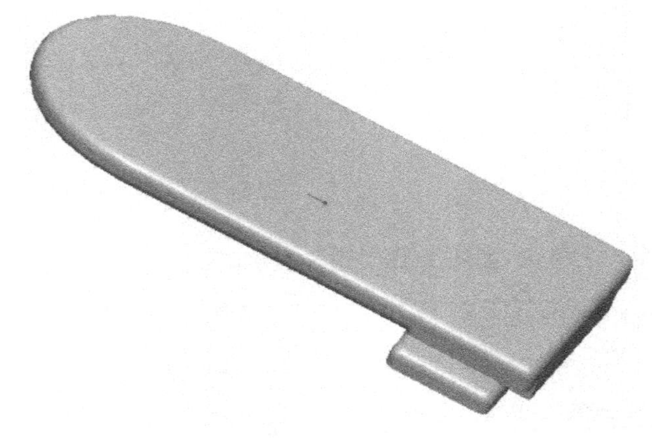

图 3-132

9. 继续以 TOP 面为基准面，进入草绘，绘制草图，如图 3-133 所示。

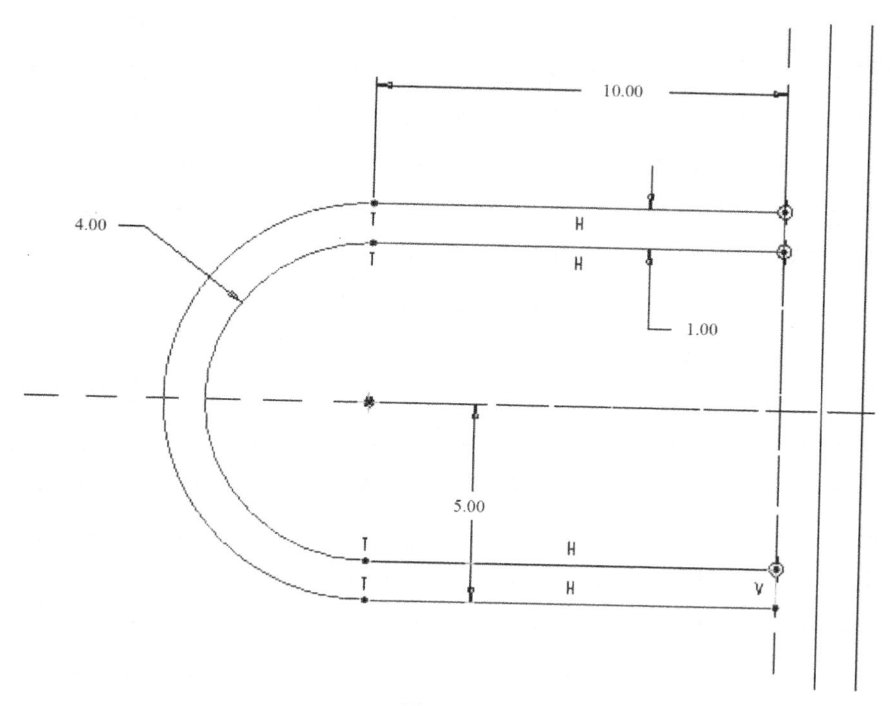

图 3-133

10. 选择拉伸切割完成建模，如图 3-134、图 3-135 所示。

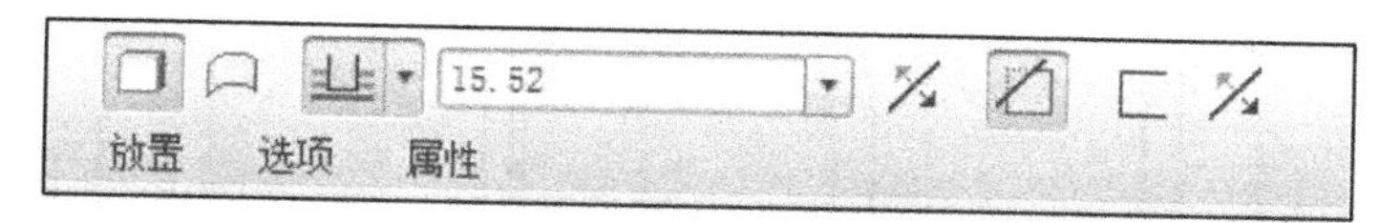

图 3-134

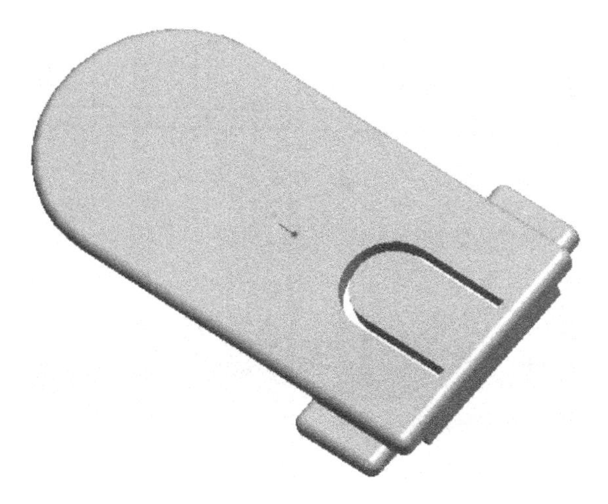

图 3-135

11. 以 TOP 面为基准面，进入草绘，绘制草图，如图 3-136 所示。

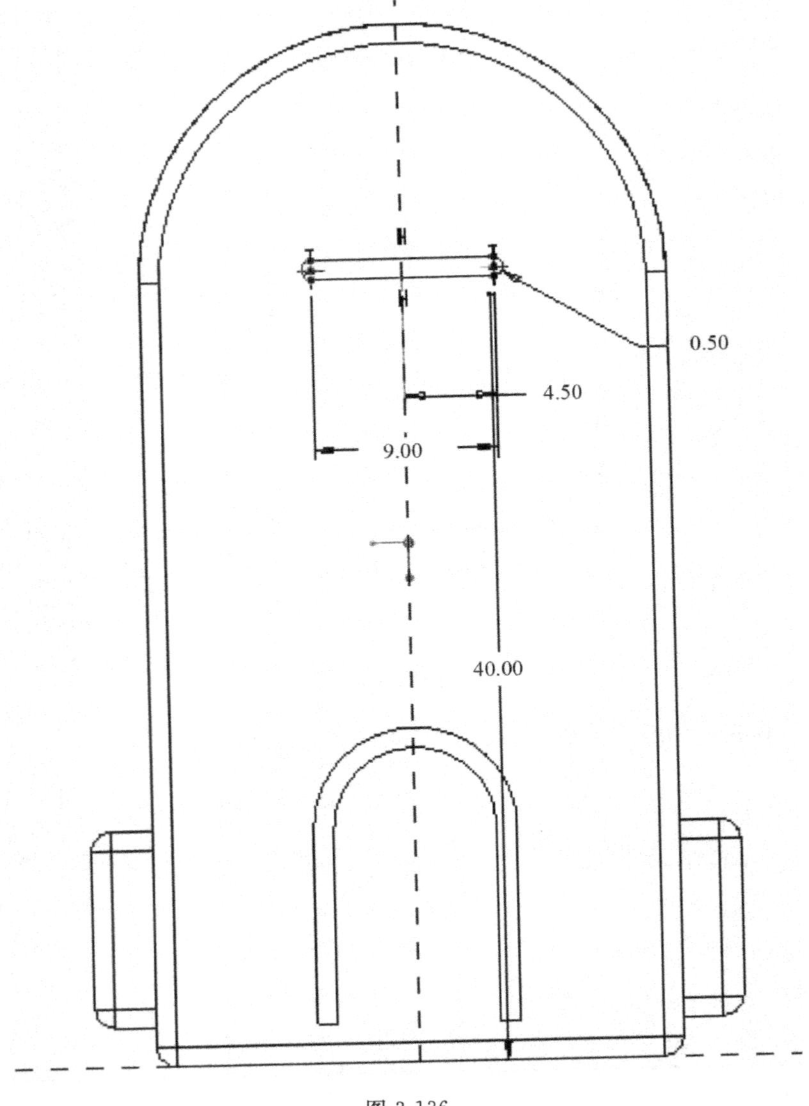

图 3-136

12. 反向拉伸 2 个单位，如图 3-137 所示。

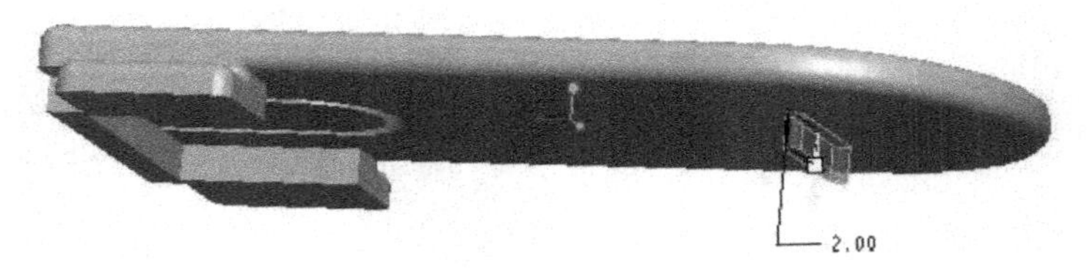

图 3-137

13. 选择倒角工具 ，对图形进行倒角，如图 3-138、图 3-139 所示。

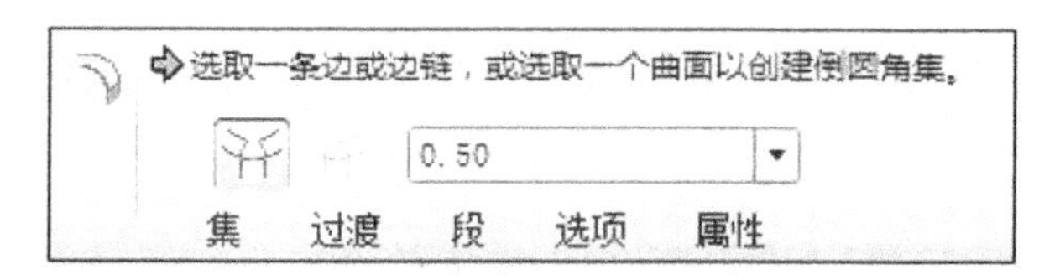

图 3-138

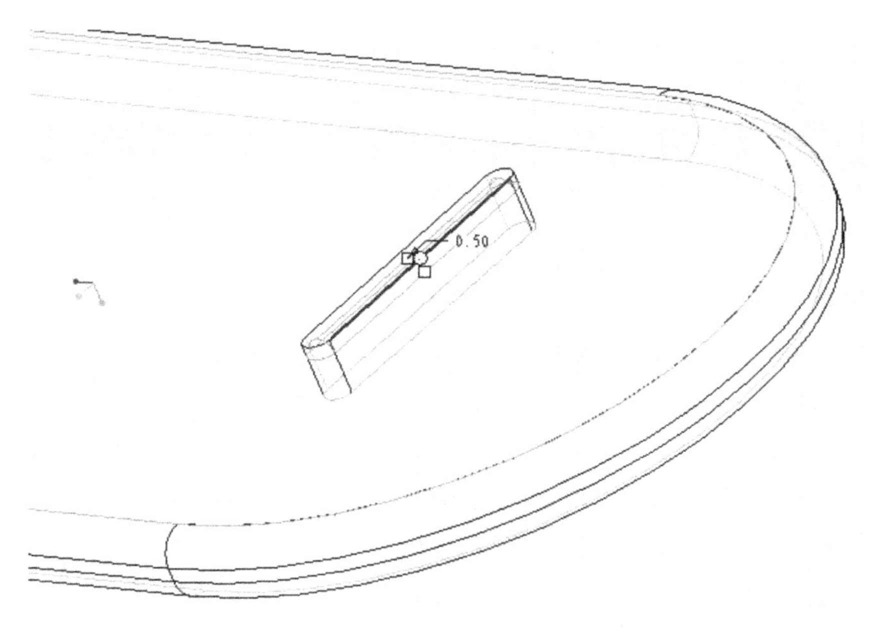

图 3-139

14. 建模完成后，如图 3-140 所示。

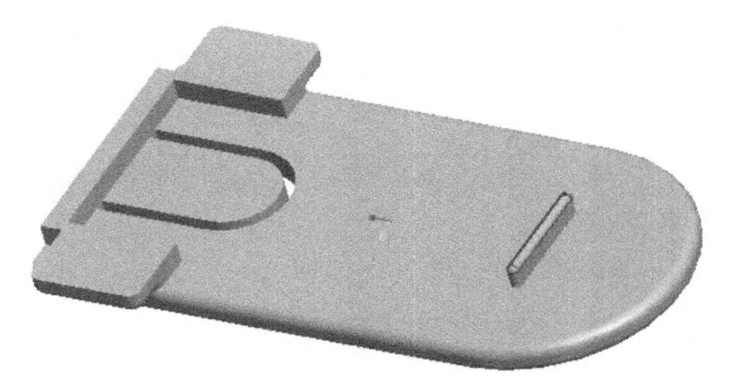

图 3-140

五、电池开关建模操作步骤

步骤 1　设置工作目录

单击菜单【文件】→【设置工作目录】命令，将文件放置在自己建立的文件夹下，如图 3-141 所示。

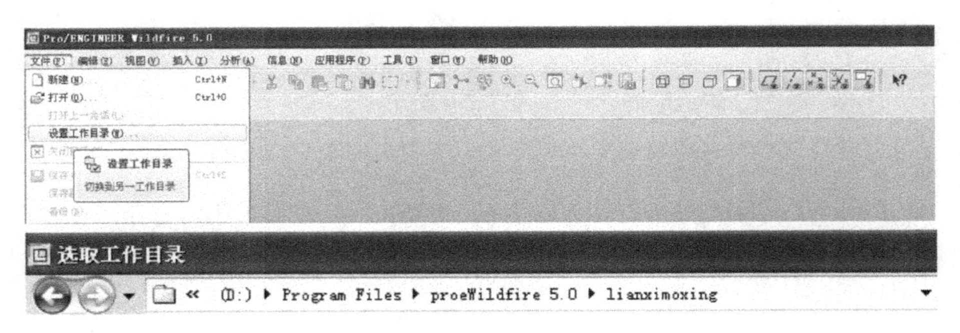

图 3-144

步骤 2　新建文件

单击工具栏中的新建文件按钮，在弹出的【新建】对话框中选择“零件”类型，单击“使用缺省模板”复选框取消选中标志，在【名称】栏输入新建文件名“dianchikaiguan”。单击“确定”按钮，打开【新文件选项】对话框。选择“mmns_part_solid”模板，按下“确定”按钮，进入三维零件绘制环境。

步骤 3　通过拉伸创建开关的主题部分

1. 单击按钮，打开拉伸特征操控板。

2. 选择 FRONT 基准面为草绘平面，参照面及方向为缺省值(此处为 RIGHT 基准面)，单击“草绘”按钮进入草绘状态，如图 3-142 所示。

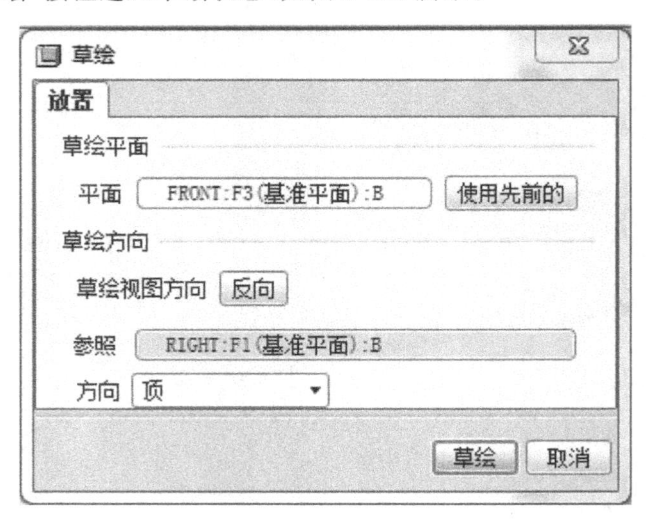

图 3-142

3. 绘制草图，如图 3-143 所示。拉伸 8 个单位，如图 3-144 所示。

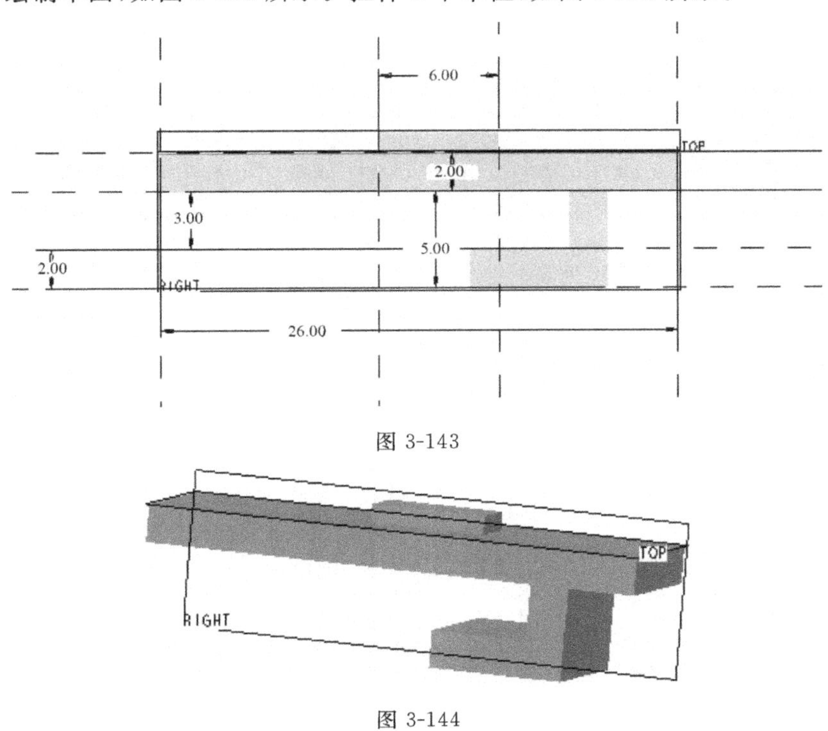

图 3-143

图 3-144

4. 重复步骤 3，选择 TOP 面进行草图的绘制，并拉伸 4 个单位，如图 3-145、3-146 所示。

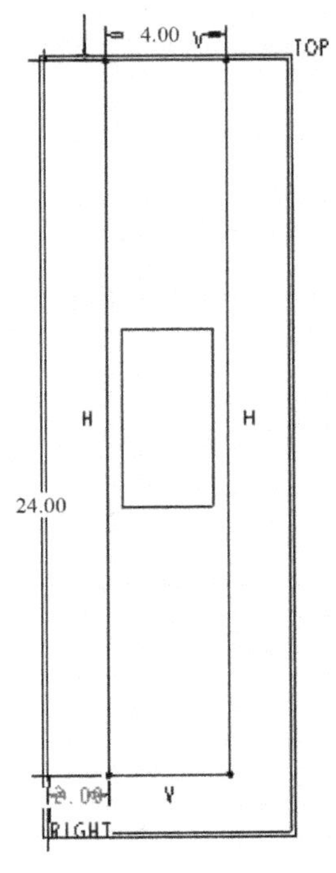

图 3-145

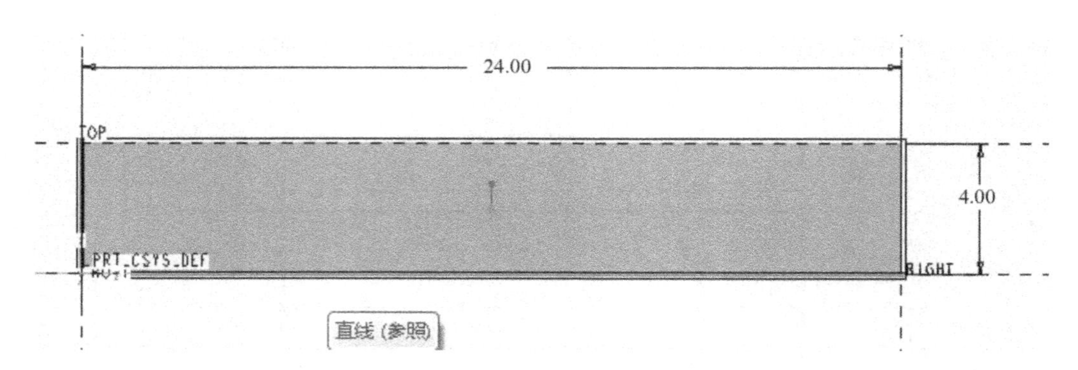

图 3-146

5. 改变视图方向，如图 3-147 所示。

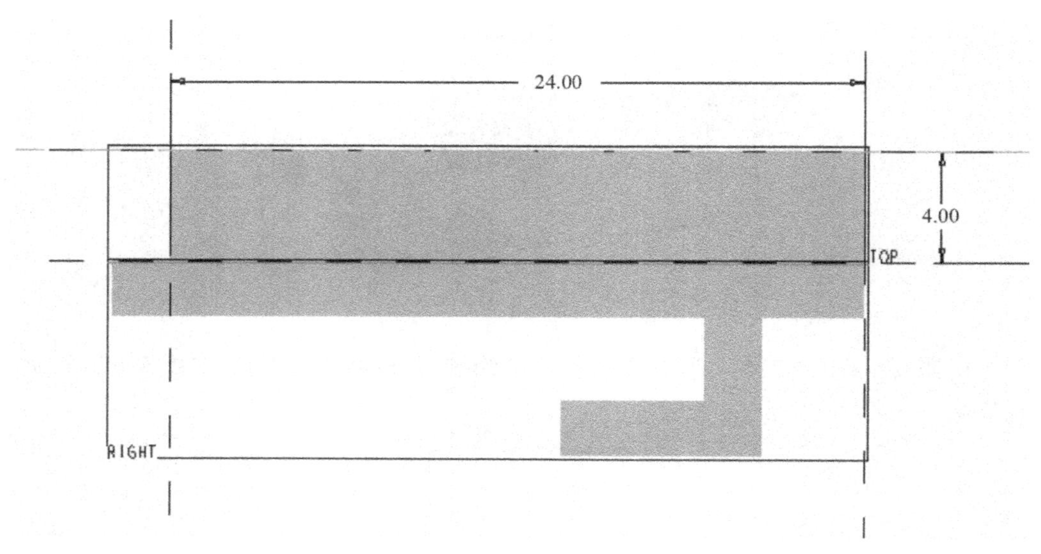

图 3-147

6. 通过草绘建立两个长方形，并通过拉伸移除材料按钮将材料去除，如图 3-147、图 3-149 所示。

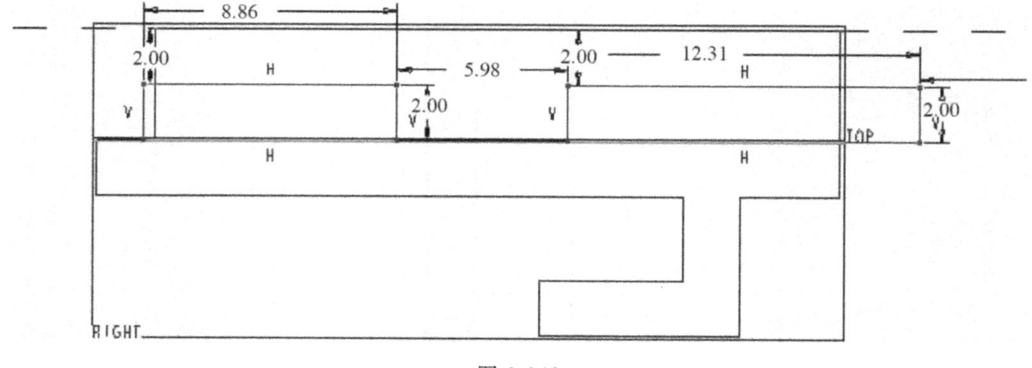

图 3-148

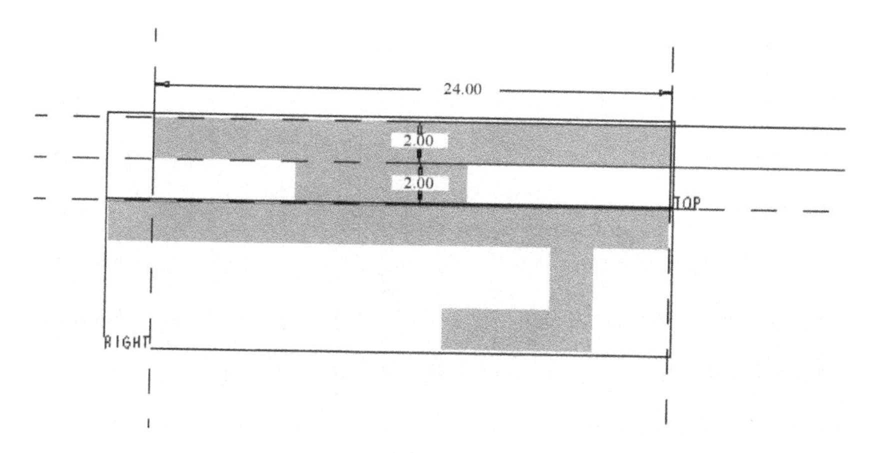

图 3-149

7. 同理可将两端材料去除，做成圆弧形，如图 3-150、图 3-151 所示。

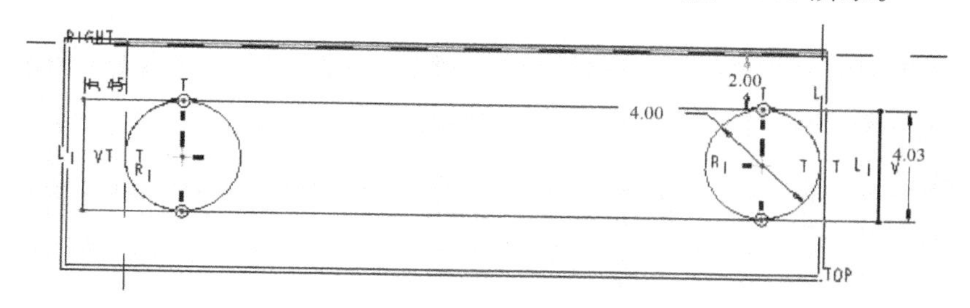

图 3-150

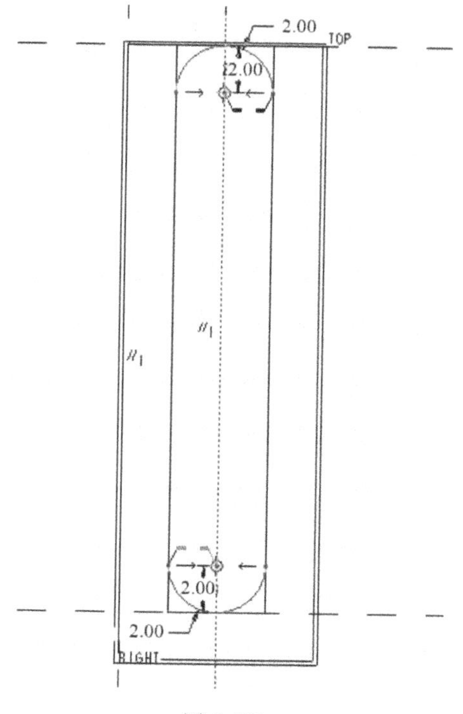

图 3-151

8. 拉伸，如图 3-1152 所示。

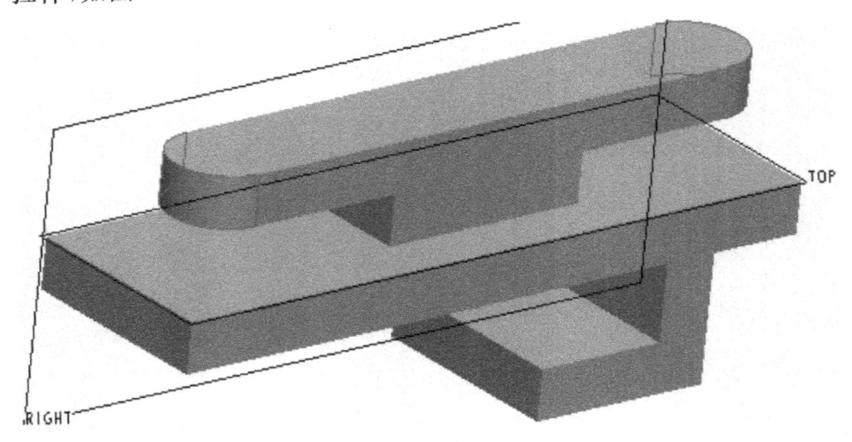

图 3-152

9. 绘制草图，建立拉伸去除材料，做出波浪纹，如图 3-153～图 3-155 所示。

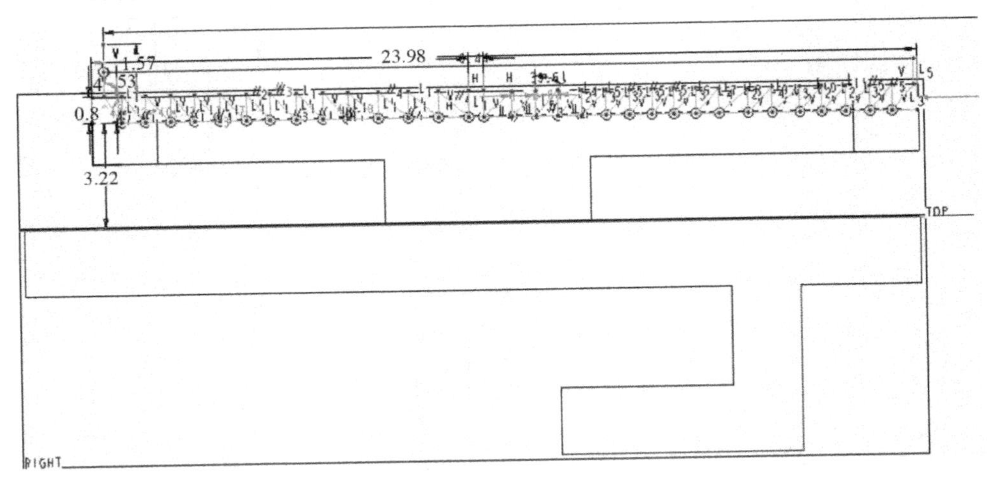

图 3-153

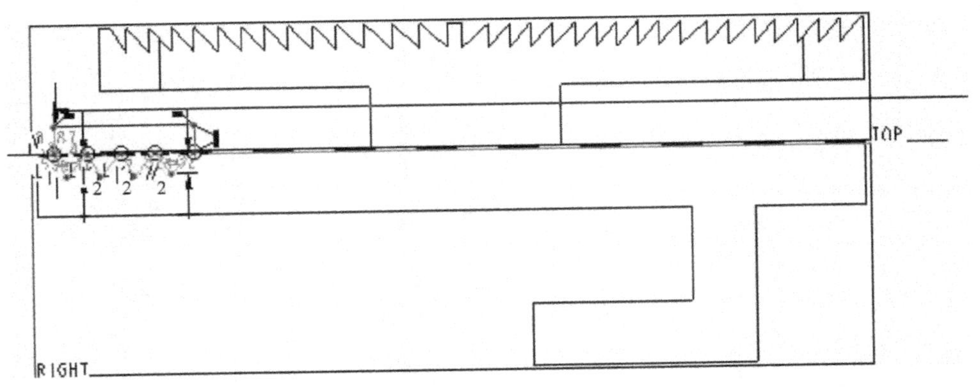

图 3-154

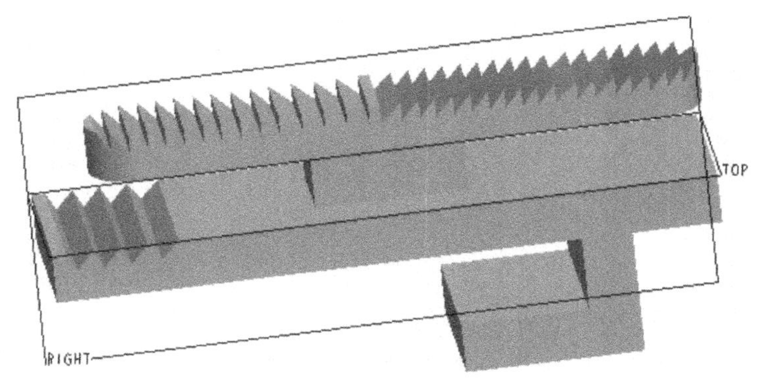

图 3-155

六、装配、爆炸、建模完成

完成建模，装配，完成效果图，爆炸图，如图 3-156 所示。

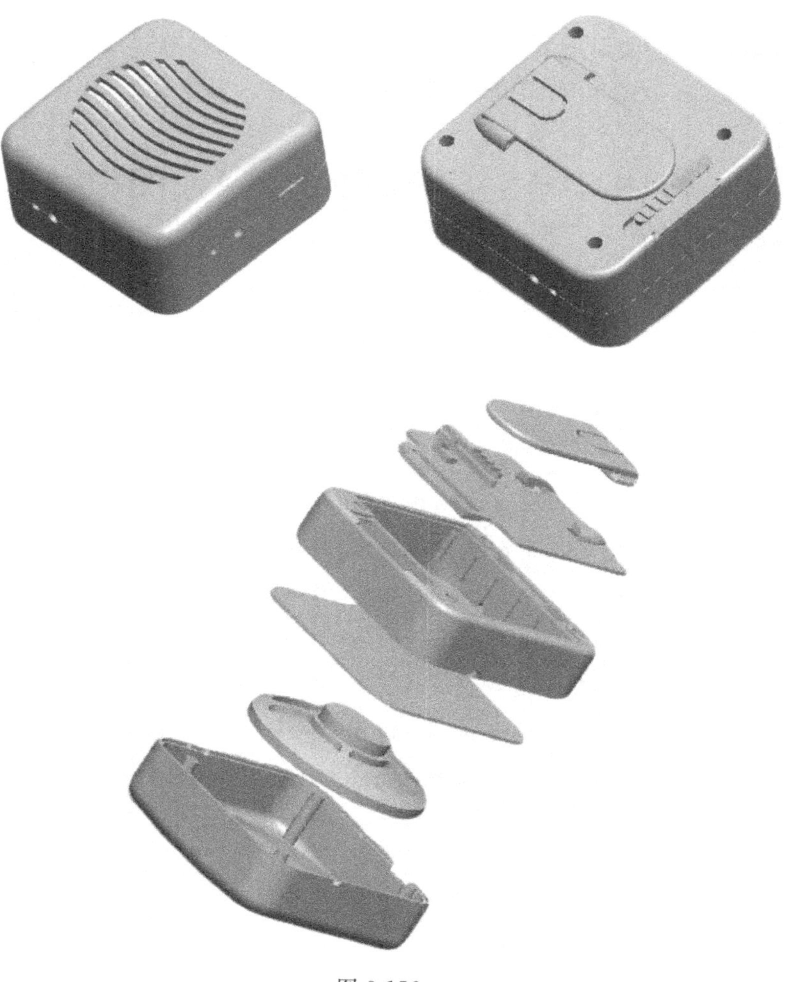

图 3-156

参考文献

［1］刘国余，等．产品基础形态设计．北京：中国轻工业出版社，2001．

［2］王丽霞，等．计算机绘图．郑州：河南科技出版社，2004．

［3］张乃仁．设计词典．北京：北京理工大学出版社，2002．

［4］江湘芸．设计材料及加工工艺．北京：北京理工大学出版社，2003．

［5］简召全，等．工业设计方法学．北京：北京理工大学出版社，2002．

［6］张晓帆．机械设计教材辅导．北京：科学技术文献出版社，2008．

［7］胡仁喜．Pro/ENGINEERWildfire5．0 中文版入门与提高．北京：化学工业出版社，2010．

［8］任登安．塑料模具制造技术．北京：机械工业出版社，2013．

［9］http：//www．dg－vc．com

［10］http：//www．5c．com

［11］http：//wenku．baidu．com/view/ffdac6fbfab069dc502201b0．html？from＝rec&pos＝2

［12］http：//wenku．baidu．com/view/7b7e472ced630b1c59eeb592．html？from＝rec&pos＝0

［13］http：//www．333cn．com/industrial/zyjc/84270．html

［14］http：//www．333cn．com/industrial/zyjc/86699．html

［15］http：//blog．sina．com．cn/s/blog_60f062100100g18f．html

［16］http：//baike．baidu．com/link？url＝1SRfSLBZo0VCkelxgn－q8MbLqH－1_I02AxyZS_bbg_7ttKhhk1aNnJLvYCF9tIv0tQ6e3h9GkkVcMt0vY6cu5a

［17］http：//wenku．baidu．com/link？url＝cP0VHYAxh7bvlaFeW2yH5k83BS5yNg07O01CDInhenOWvB7Dr38dSde8a49nxoGPAaihTiPZw4vi_q_fJxNSmIJJ55bawyppNrgha2diNoi